not only passion

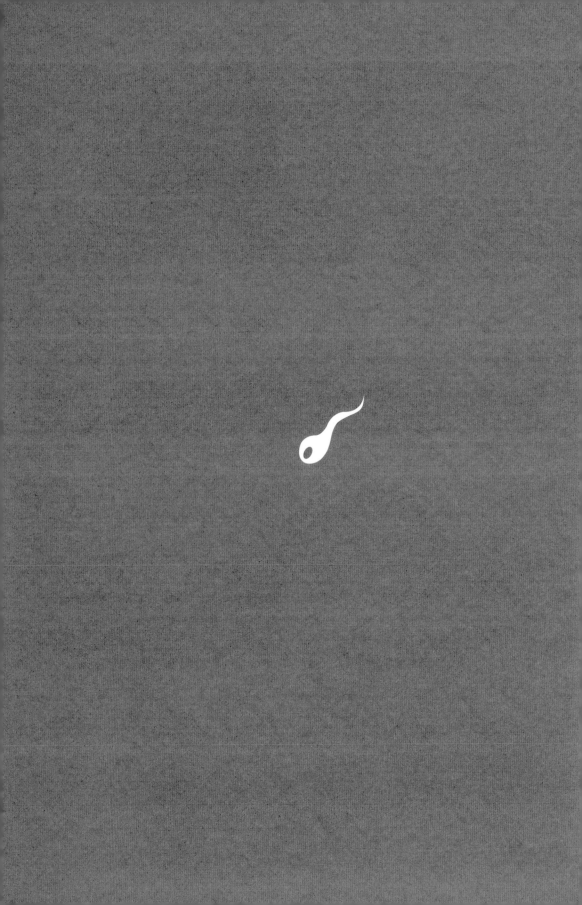

ala sex 012　　許佑生＝著
　　　　　　　蔡虫＝插圖

Joy of Oral Sex

圖1：希臘口交圖（取自遠流出版公司之《希臘愛愛》一書）

圖2：布勒哲爾（Pieter Breughel）畫作

圖3：印度卡修拉荷廟（Khajuraho）上的口交石雕（王嘉菲攝影）

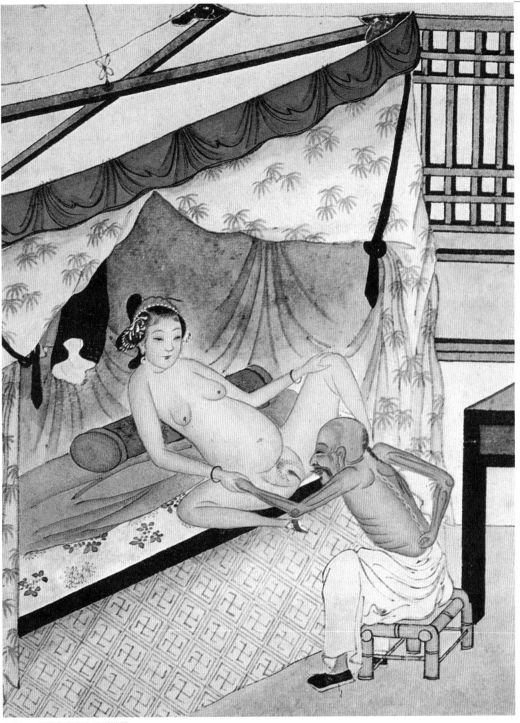

圖4：中國春宮畫中的舔陰圖

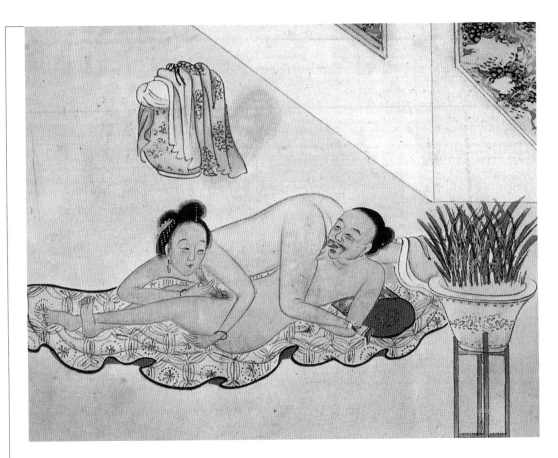

圖5、6：中國春宮畫中的69姿

圖7：舔陰又稱舐盤，舐盤者，全憑三寸舌，捲入兩重皮也。

圖8：69姿被取名為「各得其所」

圖9：葛飾北齋（1760～1849）的《漁人妻子之夢》

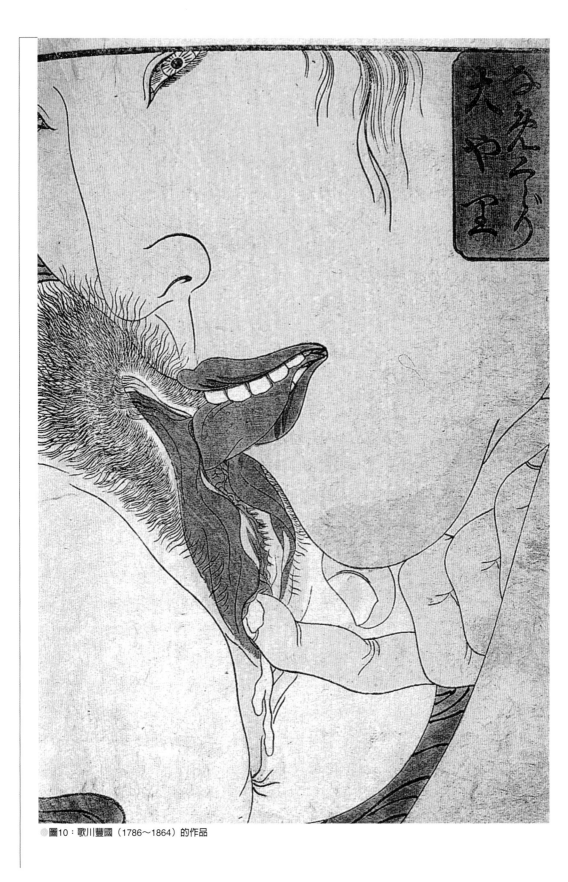

●圖10：歌川豐國（1786～1864）的作品

dala sex 012

JOY OF ORAL SEX

許佑生 著

not only passion
大辣

dala sex 012

□愛 Joy of Oral Sex

作者：許佑生
插畫：蔡虫
責任編輯：呂靜芬
校對：黃健和、郭上嘉
企宣：洪雅雯
美術設計：楊啓巽工作室
法律顧問：全理法律事務所董安丹律師
出版：大辣出版股份有限公司
　　　台北市105南京東路四段25號11樓
　　　www.dalapub.com
　　　Tel: (02)2718-2698　Fax: (02)2514-8670
　　　service@dalapub.com
發行：大塊文化出版股份有限公司
　　　台北市105南京東路四段25號11樓
　　　www.locuspublishing.com
　　　Tel:(02)87123898　Fax:(02)87123897
　　　讀者服務專線：0800-006689
　　　郵撥帳號：18955675
　　　戶名：大塊文化出版股份有限公司
　　　locus@locuspublishing.com

台灣地區總經銷：大和書報圖書股份有限公司
地址：242新北市新莊區五工五路2號
Tel：(02)8990-2588　Fax：(02)2290-1658
製版：瑞豐實業股份有限公司
初版一刷：2006年9月
初版十二刷：2012年3月
定價：新台幣450元

Printed in Taiwan

ISBN 978-986-81936-9-7
　　 986-81936-9-7

人人都要好口愛

　　無庸置疑，每個人都喜愛口交。有人偏愛施，有人偏愛受，也有人兩者皆愛。幾乎像那句老口號：「人人愛口交，口交嘉惠人人」。

　　口交，是人類情慾世界裡最獨特的親密行為，有人把她當作做愛的前戲，彷彿一道道前菜，吃到將食慾撩起。有人把她視作性愛的獨立一盤主菜，全副注意力集中於此，吃到精光為止。

　　在許多人的想法中，口交就像深吻，比較起一般做愛猶親密三分。英國小說家艾柏曼（Paul Ableman）所著的《嘴巴與口交》（The Mouth and Oral Sex），早在1969年就清晰地指出了這點：由於性器官接近排泄口，因此施予口交，乃一項俠義精神的挑戰。此舉就像是在表達——我準備好這麼做了，「把我的口接觸你的性器官」，那必須打破衛生禁忌、正派風俗，遠比傳統的性交還要親密。

　　作為一位性學家與作家，我一向很留心文學中出現的性愛場面，好像園藝家走進一座花園，總會格外留意平日最欣賞的幾株品種。

　　口交場景在文學中並不多見，但也正因此，一旦出現就讓人眼睛一亮。譬如，亨利·米勒（Henry Miller）在《南回歸線》中寫到男性享受口交之樂：我很快就感覺到她的嘴，此時我已經半勃起了。她將那話兒放入口中，以舌頭愛撫，我登時像看見了滿天星星。

　　麗塔·布朗（Rita Mae Brown）的《紅果子叢林》（Rubyfruit Jungle）是一部女同志的歷險故事，其中也有一段對話：「當我與女人做愛，我覺得她們的私處就像紅果子叢林。」「紅果子叢林？」「是啊，女人是如此深濃、豐盈，充滿了寶藏，還有她們嚐起來味道很好。」

　　這樣果香四溢的比喻，被女作家安娜伊絲·琳（Anais Nin）發揮得尤其淋漓盡致。在《維納斯的三角洲》（Delta of Venus）中，她描述女人攬鏡自照陰部，幾乎就是在為女性的口交撰寫一份食譜：真是一幅迷人景象。肌膚白璧無瑕，陰唇泛紅而肥大。讓她想起某

種一經手指擠弄就會滲出神秘汁液的橡樹葉，那種汁液跟貝殼一樣，會散發出一股獨特的氣味。因此，維納斯從海中誕生時，身上帶著這粒唯有在愛撫下才會自藏身深處現身的鹹蜜果核。（本段譯文節錄自賴守正譯《西洋情色文學史》）

美國還出版了一本厚達三百多頁的專書《口交主義》（Oragenitalism），全書洋洋灑灑描述口交的細節，作者聲稱發現了一千四百萬種利用口交達到高潮的途徑（真是讓人忙到要落下巴）。

瑪丹娜推出《枕邊故事》（Bedtime Stories）專輯時，即很坦然地說，她熱愛口交，不論是「施」或「受」那一方，都讓她銷魂。

為何口交會擁有如此高的票房呢？這是因為舌頭，加上唇的助陣，本來就比性器官靈活，可以做出各種取悅對方的動作，真呼應了那套廣告詞「上沖下洗，左搓右揉」。

再者，一般真槍實彈的交媾，男方抽送幾回，很快就會進入射精那一關。但是口交可以延長性高潮的時間，足夠雙方盡量輕挑慢撚，細品滋味。還有，口交也會幫助雙方的身體循序漸進，達到交媾的最佳狀態，例如充分濕潤彼此的重點部位、慾火搧到最熱點。

但儘管，口交帶給人們如此甜美、熱情，一般人卻對她充滿了誤解。比方說，人們心中會懷疑：什麼？口交也要學啊？不就是張開嘴，將那玩意含進口裡，呼嚕兩下不就得了？

口交，是做愛之中最重要的樂趣，具有便利、花樣多、靈活、搔到癢處的優點。不過，它可是一門需要學習的學問。並不是每個人口交IQ、EQ都有滿意的數字，有的甚至可能不及格。其實，口交有許多細節，從心態到技巧，都有一番講究，忽視不得。像這些從心態到技巧的部分，就會在本書中逐篇討論。

在多達幾億人口的華文世界中，沒有一本專門論述口交的書籍，那不正表示我們尚未全力開發口交所能帶來的高度享受嗎？

有人只懂得一招半式行走江湖，所以希望突破；有人壓根沒想過這種事還能玩出麼新花樣，希望求知；不管是增長現有的技術，或學習新鮮的花招，這些人都將在本書中尋找到滿意的答案。

幾年前，有一項由《ELLE》雜誌所作的大規模調查，令我印象深刻。它係針對全球三十個國家的女性做的問卷，其中一題是「情慾與歡愉對於個人情感的穩定性是非常重要的」，全球贊成的平均值是36％，而台灣的女性只有19％而已，專家甚至說，這是因為本地的女性以逛街代替了性愛。

性愛，這椿人生最美好的事，竟然可以用逛街、血拼代替？有點不可思議吧？本書出版的主要動機之一就是因為「逛街可取代性愛」令人難以接受！

講到口交，最吸引人的除了生理上的愉悅，也牽涉到心理上的親密。我的看法是，台灣社會的這種親密感近年來節節下降。所以，我們要面對的議題不是「逛街怎麼取代性愛」，而是「我們與伴侶間的親密感失落在何方了」。最好的方法，就是從口交做起。

本書對口交主題，簡直無所不包，含蓋了歷史典故、生理、心理準備、技巧、姿勢、健康等角度，盡力呈現了口交的面面觀，我要邀請大家一起進入的不僅是一個口交樂子的成人樂園，更是一個思考「失落親密感」的自我檢視機會。

我最記得的一則例子是，《性世代》（Generation Sex）作者茱蒂（Judy Kuriansky）博士，提及她的生父是一名牙醫師，認為人的嘴巴只能允許牙醫的工具進入，其他一律免談。後來，她爸爸過世，母親改嫁後跟繼父有了生平第一次的口交之歡，以嘴取悅雙方。

結果，她媽媽的臉龐散發出光量，年輕了好幾歲，辦公室裡的同事還頻頻追問，想打探她有何妙方呢。

讀完《口愛》（Joy of Oral Sex）這本書，希望這種愉悅的光暈也會出現在你的臉上。

＊本書部分內容請益幸福婦產科王伊蕾院長和樹德大學性學研究所陳羿茨小姐，特此致謝。

目錄
c o n t e n t s

第 1 章

口交的歷史與文化

簫聲，玉聲，聲聲入耳

口交的源起

「君子動口不動手」，是一句耳熟能詳的成語，本來是指有話好說，化干戈為玉帛，但如果巧妙用於閨房情趣，把「動口」解讀為一場小型的室內音樂會，例如喻為口交的「品簫」、「吹喇叭」、「品玉」、「吹笙」，呻吟飄飄，自娛娛人，一樣也是君子、淑女的美德與權利吧。

講到口交前，應先認識「動口」的好處，日本岐阜大學醫學院小野塚實在《新科學家》上發表研究報告，指出多動嘴巴，可刺激腦部，防止記憶力衰退，避免老年癡呆。因為嘴巴多動動，會使腦部儲存短期記憶的海馬區（hippocampus）較為活躍，對學習有重要影響。

根據英國愛丁堡大學的研究，認為咀嚼和記憶力並沒有直接關連，但嘴部的咀嚼、蠕動確實可以讓人放鬆，減輕壓力，這才是記憶力不致衰退太快的原因。

不管公說公有理，或婆說婆有理，至少學界實驗一致肯定口腔運動有助健康，當場就為「口交」（oral sex）簽下一張保證書。

我見過一幅漫畫，標題是「口交的源起」。畫中有兩位原始人，男性靠坐著大石塊打盹，大概夢中出現刺激的場面，或憋尿所致，下體已然勃起。

前方剛好有一名女性經過，被地上的石頭絆了一跤，身子傾斜，不偏不倚，正好對準了那根「狼牙棒」撲倒，她的嘴因驚呼而張開……

漫畫家畢竟浪漫，若換在一位物理學家的眼中，恐怕這幅畫的標題就會變成「歷史上第一樁咬掉命根子的意外」。

究竟，口交起於何時？確實時期雖不可考，但學界一般認為應該是人們一開始有性行為時，就已有口交了。

其中一種推測的說法，先民可能從自然界獲得靈感，例如觀察野生動物、家畜互舔性器官的動作而有樣學樣。在一些史前的洞穴中即可見蹲著的女性，為站立男性口交的壁畫。

在東方，早在西元前二千年，已有口交的相關藝術創作。在西方，最早的口交文字證據則出現於古埃及人、腓尼基人之手。埃及流傳的一則神話，奧里西斯（Orisis）遭兄弟殺害後，屍體被大解八塊。他的妹妹伊西絲（Isis）設法將這些散落的身體部位拼湊起來，唯獨缺了陽具。她於是以陶土塑造了陽具形狀取代，並對著吹氣，將兄長吹脹起來，起死回生。

當時埃及的女性不僅採行口交，還擅長此道，有的會將嘴唇塗紅，彰顯唇形，作為一種促銷口技的廣告。甚至，傳說埃及還出了一位口交之后。

西元前三十年左右，是古埃及的全盛期，由後人稱為「埃及豔后」的克麗奧佩拉（Cleopatra）主政。關於她的豐功偉業與生平軼事，傳頌不絕，例如為了爭奪王位，她與凱撒結盟，引進羅馬大軍，終於順利登基。除了凱撒，她與安東尼的纏綿事蹟也膾炙人口。

然而，更叫人津津樂道的是她的另一項絕技——品蕭。也就是說，除了美色和政治手腕，她還憑著一張嘴「定江山」。據說，當埃及戰士上前線都會接受她寵召，先行口惠一番，鼓舞軍心。被她吹過喇叭的男人數以千計，因此有人私下為她取了一個渾名「闊嘴伊人」（she of the wide mouth）。

在希臘，克麗奧佩拉的綽號又成了「偉大的吞食者」（the great swallower），因為她曾在一場晚宴中，締造了為

上百位貴族口交的輝煌記錄。有些作家因此戲稱，相傳她喜歡以牛奶泡浴，保養細美皮膚，恐怕泡的不是牛奶。

儘管這些傳聞的真實性存疑，很可能是好事之徒的妄想。但它顯示了自古以來「口交」在人們心目中的分量，竟可以當作收服人心的法寶！

希臘、羅馬詩人都曾以詩歌詠歎過口交，如被視為最優秀的抒情詩人卡杜勒斯（Catullus）。此外，一世紀時的羅馬詩人，也是諷刺詩始祖馬提亞勒（Martial）曾奉勸一位上了年紀的友人，與其動用垂垂老矣的那話兒討好不了女人，不如以口代勞，換取女性的歡顏。

希臘、羅馬時期，性愛關係全以控制、權力的概念建構，連口交也難逃被賦予階級的意識。在當時社會，一般男性地位崇高，女性則與男性奴隸同居次等。彼時的男人們恐怕會發自內心，完全認同二千年後文學家吉卜林（Rrudyard Kipling）所說的那句話：

女人終究只是女人，但一支好的雪茄可是能吞雲吐霧。
（A woman is only a woman, but a good cigar is a smoke.）

此言一出，把女人的價值貶低得不如一根雪茄。

在當時，男人們允許去享受由女性、男奴提供的口交服務，但絕不會反過來幫對方口交。在性的角色中，男人只扮演主動一方，可接受口交，也可在肛交中扮演一號，即插入者的角色。但如果他為人口交，或在肛交中成為被插入的零號，淪為被動一方，那便是一種恥辱了。

這種觀念跟現代人的想法完全相反，現在大家都以為口交者才是扮演主動的角色，被口交者只是躺著、坐著，啥事也不幹，光享受就好（也有些現代人認為口交的雙方均是主動者，都在主動享受自己的角色）。

但在古羅馬時期，一個竊賊如果偷農作物被逮住了，地主可理直氣壯要求竊賊以「口交」做為懲罰。執行懲罰者採取站姿，以陽具奮力地戳入跪立的竊賊口中。

像「英雄」般領受口交的那位男子，代表男性的陽剛、權勢。這個概念在非洲新幾內亞的一些部落中仍然流傳，男孩們到了成年禮時，必須口含成年男子的陽具，吞食其精液，表示接收了成人的剛強與力量。對他們來說，這種口交行為與同性戀毫無干係，只是男性力量的繼承罷了。

羅馬時期，口交中的主動、被動角色區分得很清楚，連稱呼也有區隔，如「幫男人口交」，叫做「fellation」；而「男人主動接受口交」（帶有強迫對方的意味）的動作，叫做「irrumation」。兩者不能混用，因為對當時的人來說，主動與被動所代表的意義有天壤之別。

提供那張嘴巴的角色被貶得非常低，史學家斯維都尼亞（Suetonius）將此一行為稱為「嘴巴的邪惡運動」；曾任羅馬皇帝太傅的詩人奧索尼烏斯（Ausonius）則稱是「頭部的墮落」。其他名稱林林總總，如「攻擊頭部」、「藐視臉部」、「嘴巴腐敗」、「壓榨舌頭」等，都是從男性尊嚴的角度出發，無法忍受男性的臉、嘴、舌被如此利用。

彼時，除了奴隸之外的成年男人認為供應自己的嘴，讓任何人口交，或幫任何人（包括女人、男人）口交，比雞姦還羞恥；但私下輪到他們使用別人的嘴巴時，卻又大剌剌地「搶頭香」。

東方典籍的觀點

以現代兩性平等的觀念看，古希臘、羅馬的男人簡直「吃乾抹淨」，但古代中國的男人恐怕也好不到哪裡去。

中國古代性學文獻中，不斷鼓吹的觀念為精氣（精液）是男性體內最寶貴之物，乃生命泉源，攸關延年益壽。主

張男子每次行房射精後，都須設法從女體獲得陰氣補充。如《玉房秘訣》云：

夫陰陽之道，精液爲珍。即能愛之，性命可保。凡施瀉之後，當取女氣以自補。

從這個基本觀點，發展出一套傳統的房中術、養生之道，即男子與女子行房時，應盡量使她性慾高漲，便能吸取最精華的陰氣。當女子處於亢奮狀態，陰氣沸騰至最高點，不僅嘉惠男子，本身亦會受惠，增強生命力。

重視傳宗接代的中國人，在這套採陰補陽法則中，鋪陳了優生學。如《玉房秘訣》中，彭祖與素女有一段對話：

求子之法，當蓄養精氣，勿數施。捨以婦人月事斷絕潔淨三五日而交，有子則男聰明才智，生女清賢。

道家主張男子應該在女子最易受孕的日子性交，亦即當她體內陰氣最充足之際，如此繁殖的下一代才會獲取最精粹的父精母血。

中國古代的性理論均從男性利益的角度著眼，核心觀念是「保存精氣、提煉精氣」。所有提及的性交行為，都在為這個題旨服務，口交（古籍的用法為「口淫」）基本上是被允許的，因為女對男的口交不會造成精氣減損。

作為性交的前奏，女性幫男性的精氣「打氣」，在某個程度甚至被鼓勵。男對女的口交贏得更多贊同，因為此舉可鼓漲女子體內的陰氣，為性交做準備。

《金瓶梅》把潘金蓮描寫為「第一好品簫」，而深得西門慶恩寵，連他在外與別人交歡回來，她還是照樣為他品簫「續攤」。小說中，潘金蓮花盡心思與其他女子爭寵，口交

絕活為她抓牢了西門慶的心，也是時而色誘，時而要脅的談判籌碼。潘金蓮媲美埃及的克麗奧佩拉，稱得上中國史上的口交之后。

《金瓶梅》對口交的描述雖簡潔扼要，但短短數語便能繪聲繪影，堪稱古書中口交的寫生傑作。

（西門慶）便仰靠梳背，露出那話來，叫婦人品簫。婦人真個低垂粉頭，吞吐裏沒，往來嗚咽有聲。（第六十七回）

令婦人橫躺于衽席之上，（西門慶）品簫。但見：不竹不絲不石，肉音別自唔呀。流蘇瑟瑟碧紗垂，辨不出宮商角徵。一點櫻桃欲綻，纖纖十指頻移。深吞添吐兩情痴，不覺靈犀味美。（第十七回）

古詩中，亦不乏詠歎口交者，讀來確實香豔：

裸將郎體赤條條，秋盡情根草未凋。
夢醒藍橋明月夜，玉人湊趣學吹簫。

絕妙天然兩足鐦，個中滋味耐人嘗。
依卿作犬成仙易，呼我為貓舔粥香。
三寸舌尖教子細，一低頭處笑郎當。
吮癰舐痔尋常耳，何似淮陰胯下王。

從《金瓶梅》後，中國文人對口交就不再那麼詠歎了，甚至抱有偏見，令人懷疑這批男性作者係因本身懼內，而在小說中大加揶揄婦女的陰部氣味。

譬如，清代豔情小說《姑妄言》第十回游夏流（游下流乎？）平常對老婆像老鼠怕貓，偏偏老婆多銀作風強勢，

連上了床也一樣頤指氣使。有一回，老婆要求性無能的游夏流口交，他的動作稍慢，立即被她斥喝：「幹嘛？敢是嫌我的臭嗎？」

游夏流驚得皮皮挫，趕緊辯解：「我的娘松門羹一般噴香的好東西，怎得臭？今日飽了些，才要打飽噎，恐怕酒氣燻了妳的香東西，得罪了它。我何敢嫌妳麼？」

另一部清代小說《一片情》也幾乎是如出一轍，在第十一回「大丈夫驚心懼內」中，郎氏令丈夫羊振玉以口舌讓她尋個快活。他不過稍皺起鼻頭，往旁邊一側，立即引起河東獅吼：「你嫌我的臭嗎？」

羊振玉無奈地說：「天囉天，我適才吃了些蔥韭來，恐燻壞了娘的香屄。」

在《姑妄言》、《桃花豔史》裡，更有醜化嫌疑，都描述了男子舔陰，正逢其生理期，而搞得「一張大花臉」：「活像那屎皮誣賴的光棍，自己打出鼻血抹上一臉騙詐人的樣子。」（出自《姑妄言》）。

中國男性作家描寫品簫多半帶著自我吹捧的口氣，聲光效果十足，彷彿為高聳的紀念碑揭幕；但一講到為女子舔陰，就說是叫人掩鼻的鹹魚味，為人夫者莫不使盡藉口能避則避，真避不了時，還得「摸了團棉花，將兩個鼻孔塞緊」。這些嫌臭的男人們，大概可與那句俗語「最毒婦人心」相媲美，真箇「最臭男人心」。

口交，在印度亦有悠久歷史。約在西元前一世紀，一些古梵文書中已詳細描述親吻的技巧，並指出人體中最適宜親吻的部位，以及各種親吻的方式。據說，印度女人在額頭上塗點豔紅的硃砂，就是模仿吻痕。

世界最古老的性愛經典──《印度愛經》（Kama Sutra），專闢一章討論口交（Oparishtaka），將口唇技巧分為八種：

用口唇唧著搖動。

吻男性那話兒的側面。

外面壓迫——也就是閉上口唇，壓迫尖端。

內面壓迫——用嘴唇將那話兒緊緊唧在口中。

接吻——握在手中輕吻。

摩擦——用舌尖舔、抵、拍打。

一半唧在口中吸吮。

全部放入口中吸吮。

　　這部性愛寶典對口交十分推崇，連比喻都用得相當靈活，譬如「就像在吸一粒多汁的甜芒果」，光是想像，就叫人舌底顫動。

　　印度的佛教聖地阿姜塔石窟（Ajanta Caves）、愛羅拉石窟（Ellora Caves）與卡修拉荷廟（Khajuraho，見彩圖3），是舉世著名的古蹟。有許多表現性愛喜樂的雕像，其中有許多男女口交的姿勢。

　　日本對口交的說辭跟中國人一樣，以樂器為名，像是「尺八」、「口琴」。他們的口味相當獨特，在浮世繪中好戲連台，有些戲目與其他民族不同，就是多了一股很濃的鹹濕味。

　　例如，浮世繪大師葛飾北齋的一幅畫作中，女子斜躺，頭部後仰，星眼陶醉。男子正以舌尖探入她的陰戶，而她似乎進入高潮，胯間愛液汨汨地湧出，滴落到地面擺著的一只瓶罐，彷彿在收集甘露。

　　葛飾北齋對章魚顯然有特殊的好感，以兩幅畫描繪巨大章魚黏貼在女子身上的詭異、煽情氣息。其中一幅題名《漁人妻子之夢》，一尾大章魚以八爪將女體團團摟抱，然後用喙狀的嘴抵住女子陰戶，另一尾小章魚則以喙嘴扣住婦女的雙唇。而她的表情乃一副飄飄欲仙，魂不附體，正

處於極樂。（見彩圖9）

　　章魚的意象明顯又強烈，八隻延伸出去的觸腳上長著一粒粒吸盤，尤其那張吸力特強的喙嘴，無不給人口交的鮮明暗示。

　　另外，有些由動物串角的畫作更是驚人。如一張畫作中描繪一對男女正做愛之際，一條壯碩的大黑狗竟然在一旁，哈著大舌頭，猛舔男子沾滿女性體液的龜頭。

　　除了這類意象駭人的畫面，相對地民間流通的書冊對口交就務實多了。很多藝妓都要接受口交訓練，坊間不乏這類的指南書籍，其中的技巧鉅細靡遺，多所著墨。

　　口交，是日本藝妓十分重視的功夫。在江戶風化區的吉原，就流行一句話：「嘴上的服務能完成許多事，包括愛。」

　　書中建議藝妓要視為男客口交為一種精緻的「懷石料理」，需吃得津津有味，細細品嚐。文字中對口交的描述，屢見詩意。比方，提及以舌頭認真舔男客的會陰部時，要發出像風吹妓院外竹林的沙沙聲息。

　　其餘像建議藝妓在口交前，要對男客的陰莖做出悄聲耳語，讓他們「上面的頭」先陶醉，接著「底下的頭」就會有英勇表現。甚至連男客在口交射精後，該如何用軟毛巾淨身、以親吻會陰部與陰囊作落幕的細膩手法，都一一諄諄指導。

　　另有一類書籍是母親在女兒出閣時贈送的嫁妝，教導男女的性事，如明治年間《江戶的閨房術》，即一本署名「欣欣女子」寫的「女閨訓」。其中提及「口取」、「唇淫」，就是中文的「口交」。

　　這本書對口交技巧的描繪也相當細微，例如右手握住男根、舌尖用力舔龜頭邊緣並旋轉，男根興奮後會變熱、脈搏加快，男方的腰也會逐漸迎上來，及至洩精。在精液噴

出時，女方須如吸奶般用舌將所有精液吞入。並指稱男子精液就如同牛奶、雞蛋一樣滋補，不可當成廢物。

西方文化的偏見

西元二世紀，著名的希臘醫師蓋倫（Claudius Galen）擔任五任羅馬帝王的御醫，也是哲學家、科學家，生平留下五百餘著作，對醫藥的觀點影響此後一千五百年的醫學發展。蓋倫雖然理解口交帶給男性歡愉，但仍相信它是一種「違反自然」（unnatural）的行為。

從此，這個以「違反自然」當作分界的觀念，幾乎左右了西方世界的價值觀與情慾觀。

西方文化中對性的敵視、對身體的仇恨古來有之，源自宗教的教誨，譬如聖者奧古斯丁的懺悔最為知名，他說：

我知道，沒有甚麼東西能比女人的愛撫與身體纏結，更易使男人的智能低下敗落了。

性學界一本擲地有聲的《性否定》（Eros Denied），作者楊格（Wayland Young）以清晰的思辯指出，為何西方宗教對性如此充滿敵意？因為在性高潮剎那，人們渾然忘我，也因此忘了上帝的存在，而這正是「奉上帝之名」管理信眾的宗教人士所不能接受的論點。依據楊格解析，舊時代的管理者經由「什麼樣的性行為是被允許」，來達逐「什麼樣的對象你必須效忠」之目的。

中世紀的歐洲，天主教掌握了政教大權，也完全控制人民的思想與生活，包括了性方面的禁抑，特別是口交。

以天主教與基督教的立場，男女間的「陽具／陰道」性交具有生育功能，能夠繁衍子孫，便是「自然行為」；而舉凡不具備受孕功能的性行為，如自慰、口交、肛交等，

就是「違反自然行為」。

1012年，沃林姆斯（Worms）主教提出一套懲罰行為的名單，其中妻子如吞下丈夫的精液要被判下獄七年。

百年之後，拜占庭宗教法規專家巴爾薩蒙（Theodore Balsamon）更指稱口交行為是「邪惡中最糟的一項」，並主張連丈夫也應一併受罰，刑期延長至十五年。

清教徒統治的歐洲大陸，逐陷入口交的黑暗世界，即便是夫妻間進行口交也被視作一種罪愆，長達千年。

然而，這不意味著人們就與口交劃清界限，只不過變成一種偷噹的黑色禁忌罷了。例如，十六世紀著名畫家布勒哲爾（Pieter Breughel）的畫作裡，出現一位男性腦袋上躺著兩具正在享受口交的人體，象徵不為人知的性幻想內容，正是彼時人們對口交只能「暗地想，背地做」的寫照。（見彩圖2）

維多利亞時期的社會風氣更是極端保守，對裸體與性充滿恐慌。

根據《性史上的偉大時刻》（Great Moments in Sex）記載，一位醫師聽了女病人陳述丈夫有口交之癖，大為震驚，警告其夫立即戒除惡習。因為口交不僅危害妻子的健康，更可能讓他罹患舌癌。

那時的醫學對性的認知，以當今標準而言，實在匪夷所思。例如1878年《英國醫學日誌》上，居然探討女性在月經期間碰觸的火腿肉，是否會變酸變壞？

維多利亞時代是近代性風氣最保守的時期，有人設計一種金屬製的釘狀物，套在陰莖上，預防勃起。還有人出書鼓吹父母裝置一種特殊設備，連接到男孩的臥房，半夜當他的陰莖有異動，就會「警鈴大作」。

當時，對男性情慾已經這麼戒備森嚴了，對女性情慾的壓抑更是嚴峻，有些醫師竟以閹割陰核，阻止女孩的自慰

行為。

當時的禮教將中產階級的女性「教養」得極其端莊，正如里約・妲南希爾（Reay Tannahill）的《性史》（Sex in History）所言，女人一個個變成「甜美，卻碰不得的道德守護者」。她們對性表現疏離與厭惡，間接造就了娼妓業空前未有地盛行。在「最純潔的時代」裡，反而性病最猖獗，連帶地，性壓抑也促成了「愉虐戀」（SM）口味蔚起成風。

那時的女性都認為，正經女人決不會做出口交勾當。所以，丈夫欲求不滿，只好向外需索。當他們在外買春，找尋口交快感時，非但不覺心虛，反而自認「幫了性冷感的妻子一個大忙」。

十八世紀的巴黎僅有六十萬人口，娼妓即占三萬。那時的情色行業服務周到，還發行妓女群芳錄，詳細登載女郎的條件、做愛技巧，「口交專長」常被突顯註記，以招攬顧客。

法國人對口交貢獻良多，因此這項性行為又通稱「法國人的性」（French Sex）。二次大戰後，大量美國大兵從法國返鄉，便將這門口技性藝帶回祖國「發揚光大」。當時大兵們最常掛在嘴邊的流行語，「法國人用嘴巴做愛，用腳打仗（開溜）」。

當時許多人對口交有所忌諱，乃源自衛生顧慮，例如性器官不潔或有不悅氣味。一直到法國在十七世紀發明了澡盆後，人們從事口交行為的意願才大為提高。同樣地，美國從七〇年代初期起，衛生觀念開始普及，口交也較以往盛行了。

在思想最嚴峻的時代，往往也讓思想這座花園竄出最多的奇花異果。《禁忌情色》（Forbidden Erotica: The Rotenberg Collection）是一本收錄維多利亞時期的情色攝

影集，未翻閱之前，恐怕讀者都以為內容一定表情呆板、姿勢枯燥，沒啥看頭。

你可想錯了，當時人們在鏡頭前擺出的怪招，連今人都自嘆弗如。例如三位女人各據三角，裙子掀開，噴出三道尿液在中央匯集，將一粒小白球推舉在尿液滾動間，如三龍噴球。還有一位男士抓握勃起的陰莖，假裝在女伴裸露的小腹上揮球桿，目標是前方草坪的「第十八洞」。

一般以為銷聲匿跡的口交，在這本攝影集中比比皆是，除69外，連高難度的深喉嚨也十分拿手，還有二人、三人、多人組合的接龍式口交、派對式口交。

當後人以為這時期的先人保守禁錮，無趣得緊，人家顯然早已發揮口藝，不知銷魂到哪裡去了。

口交平反之路

在二十世紀中葉以前，口交始終是一條艱辛的路，人們必須暗中匍匐前進。

1926年，近代第一本大眾化的性愛指南《理想婚姻》（Ideal Marriage）出版，列出了十種理想的做愛姿勢，並走在時代之前，率先鼓勵伴侶間採行口交當作前戲。

作者為荷蘭醫師凡德（Theodoor Van de Velde），獨厚口交，還想出了優美的代號「性器之吻」（genital kiss）。看起來似乎挺開明，但別高興得太早，凡德醫師依舊告誡道，如果口交過了頭，導致高潮，那就屬於病態了。

不過，還是有些零星的聲音響起，提醒人們思維口交的意涵。1960年，美國知名小說家約翰‧厄普代克（John Updike）的《兔子，跑吧》（Rabbit Run）榮獲普立茲、國家圖書等多項大獎。小說中，他特別描述了口交的情節，多年後在接受媒體訪問時，他指出會在主角的外遇中做這種安排，乃因口交遠比性交更能顯示親密的關係，因為它

牽涉到「一個人的頭」。

1961年，卡皮歐（Frank Caprio）、布瑞納（D. R. Brenner）的《性行為：法律觀點》（Sexual Behavior: Psycholegal Aspects）裡，還看得到這樣的判例：

一位丈夫在臥房內爲妻子口交時，家中的三個小孩之一無意撞見，被這幅景象嚇壞，趕緊跑奔向鄰居，描述所見。鄰居立即報警處理，丈夫遭到逮捕。他承認夫妻倆正在進行的勾當，表示沒做錯什麼，並說妻子不僅很享受，還鼓勵他。憑著這份告白，丈夫後來被判處五年監禁。

當時在美國的一些州還有所謂的「雞姦法」（Sodomy Law），禁止正常性交以外的性行為，如口交、肛交。有的只限制同性間，有的擴及異性，甚至連夫妻都一體適用。

然而，1969年佳樂蒂（Joan Terry Garrity）的《感官女郎》（The Sensuous Woman）大力讚揚口交的樂趣，並對相關技巧如「蝴蝶撲拂」（Butterfly Flick）、「奶油滑行」（Whipped Cream Wriggle）、「扭轉絲綢」（Silken Swirl）、「吸塵器」（Hoover）等詳盡描述，出版後立即成為搶手貨，銷售九百萬冊。她儼然以口交當前行樂隊，為一個新時代揭開了序幕。

七○年代，戰後嬰兒潮興起，反抗父母那一代所代表的價值體系，帶動了嬉皮文化、反戰運動，鼓吹性愛自由的風氣，「要做愛，不作戰」（make love, not war）的口號，成為那個時代的最佳詮釋。而牛津字典在保持了幾世紀的沈默後，終於從善如流地收入了「fuck」這個字彙。

1971年，英國地下嬉皮雜誌《OZ》因內容涉及色情遭到起訴。見證人之一是喜劇演員費德曼（Marty Feldman），當他在說詞中提及「cunnilingus」（為女子舔陰）時，法官

說陪審團未必都受過學術訓練，便要求他以日常用語解釋這個罕見詞的意思。費德曼走上證人席，清清嗓子說：

Cunnilingus，就是吸舔、彎下去吞嚥；或者，套一句海軍的用語，當通過峽谷時，以假音高聲唱山歌。

費德曼的比喻絕妙，才一說完，陪審團紛紛笑倒。

這股開放的時代氣氛甚囂塵上，為1972年的賣座電影《深喉嚨》（Deep Throat）鋪好了昂首闊步的紅地毯，也深刻地影響了普羅大眾對口交的觀感。

《深》片敘述一位無法享受性高潮的婦女，經檢查後發現，問題出在她的陰核易位，居然長在喉嚨深處。醫師對症下藥，指示她必須以「吞劍式」的口交行為，讓陽具插入喉頭抽送，直抵陰核位置。醫師自己「身先士卒」，治好了她的宿疾。她痊癒後，便擔任醫師的助手，開始讓其他男病患「雨露同霑」。

《深》片是史上最賺錢的色情片，斥資二萬四千美元，短短六天拍成。歷經三十多年，從戲院、影帶、光碟發行賺進了六億美元。它的成功除了是第一部合法的色情片，主要比起一般A片更有故事性，而且劇情還頗吸引人。女性的性感帶位於喉嚨深處，光是這個「一擊中的」的主題就饒富創意，在七○年代的社會中，迅速擄獲了媒體、觀眾的注意力。

而女主角琳達（Linda Lovelace）的演出也功不可沒，《花花公子》集團創辦人休‧海夫納（Hugh Hefner）在所著的《性愛世紀》（The Century of Sex）上，指陳當琳達張嘴吞下醫師的陽具，簡直像是在唱華格納歌劇。

她那天真的神態，令滿戲院的男士觀眾希冀能代為解困，

帶給她瞬間的高潮……。但相對地，當她刮除陰毛時所流露的冷靜神色，又觸動了百萬男性的心房。

　　除此，還有什麼因素讓這部影片成為一時風尚？

　　也許當初首映這部影片的戲院名稱，可以代為解答──「新成熟世界戲院」（New Mature World Theater）。宛如替口交這個性愛行為背書，將之帶入了一個新的成熟天地，成為普羅大眾生活不可或缺的一部分。

　　有些劇評家指出，《深》片提倡在性愛裡「無歧視」的環境，片中瀰漫了一股嬉皮風概念，即主張性愛解放，打破舊思維的綁縛（告別「陽具／陰道」的傳統做愛方式），擁抱新思維的洗禮（採行「陽具／喉嚨」的自由做愛方式），充盈著「淫穢的戲耍氛圍」，使人印象深刻。

　　好萊塢電影也反映了這個趨勢，1972年的《歸返家園》（Coming Home）中，女主角珍芳達離開了丈夫，選擇一位越戰退伍的傷殘士兵，原因很簡單，他願意為她口交。在她心裡，還有什麼比一個樂於為女士做這項體貼服務的男人更窩心呢？

　　在這段時期，女性自覺意識加速躍進。自十九世紀以來，女性獲得受教育權、投票權之後，七○年代的女性開始思索自己在家庭與婚姻中的角色。以美國為例，1965年四對夫妻中只有一對離異，到了1977年已增加為兩對中有一對離婚。

　　在過去，許多不滿足的婚姻之所以能勉強維繫，是因為女性被迫留下。但當她們自我意識提高時，便有了新的人生方向。

　　女性運動在這時崛起，也跟避孕技術問世息息相關。節育，使女性不再輕易被生養子女的責任纏身，而動彈不得。以往，性愛對女性多具生物學上的意義，亦即「當丈

夫有需要時，恪盡妻子的一份責任」；但是當性交不必然非跟懷孕畫上等號時，性對女人來說，也可以像男人一樣，變成是一件純享受的事，而有了「性的自主權」。

於是女性對口交的觀感越來越開放，從過去的不得不動、被動，演變至今日的主動、好動。《Details》雜誌性愛專欄的女作家安卡（Anka Radakovick）就說得好：

當一個男人彎下身時，最容易看見他到底是一個自私的傢伙，或是真心重視雙方的樂趣。而且，也讓我們有機會瞧一瞧他「長鬍子」是什麼模樣？

在這套新思維影響下，舉凡不具有讓女性受孕功能的性行為，也就是過去幾世紀以降被宗教界視為「違反自然的行為」，如自慰、口交、肛交等，便領到了一張通行證。尤其，口交的市場逐漸打開後，便成長神速，在全球矚目的白宮緋聞案中達到顛峰。

全球關注的 口交新聞

1998年，柯林頓總統（Bill Clinton）與實習生陸文斯基（Monica Lewinsky）的性醜聞曝光，勞駕了獨立檢察官窮追猛查，媒體的報導更是漫天蓋地，以前鮮少登上檯面的 oral sex 一詞，逐變成美國許多家庭早餐桌上的話題。

當柯林頓被問及，是否與實習生之間有性行為？他斬釘截鐵回答：「沒有！」直到調查上緊發條，柯林頓才承認陸文斯基曾為他口交。但他堅稱，當初回答兩人沒有性接觸並非撒謊，因為以他的定義，「口交」不算是性行為。

柯林頓會不會因總統功績而在史上留名，可能尚待未來史家的鑑定，但他寫下了近代歷史上最有名的口交事件，已無庸置疑。

柯林頓早年在擔任小肯薩斯州長時，就贏得了「滑頭威利」的封號，形容他很滑溜，能躲能閃，有事罩頂，卻總能無事脫身。有趣的是，「威利」兩字在英文口語中，是男性性器官的俗稱，而套上了「滑頭」，其實倒真符合他那不安分的小老弟，愛在口沫中找樂子的寫照。

隨著媒體的疲勞轟炸，以及「史塔爾報告」（The Starr Report）出爐，柯林頓的性事鉅細靡遺地公諸於世，「口交」、「精液」，以及在性遊戲派上用場的「雪茄」等，原本都是在公眾場合避談的字眼，變得耳熟能詳。

《時代週刊》的白宮特派員柏萊（Nina Burleigh）在接受華盛頓郵報訪問時，甚至坦言為了感謝柯林頓維持「女性有墮胎權」，她樂意以口交回報，跟他上旅館都成。

黃金時段的談話節目也以此大作文章，擅長調侃藝術的「今夜」主持人傑雷諾（Jay Leno）就是一例。譬如，他說：「高爾（當時的副總統）與總統寶座，只差一個性高潮的距離。」又說：「希拉蕊決定聘請羅娜‧巴比（Lorena Bobbitt，曾以廚刀割除家暴老公的陽具）擔任她的白宮實習生。」無傷大雅的嘲弄每晚帶給全美境內六百萬觀眾莞爾一笑。

專家指出，這些詼諧的脫口秀表面上在奚落柯林頓，其實是為他解了圍。因為，它們薰陶了美國民眾一個生活要旨：放輕鬆，性就是要幽默以對嘛。

傑雷諾的許多台詞雖然辛辣，但當人們有辦法對性愛哈哈一笑時，它就變得「人性化」了。美國民眾意識到，總統不是聖人，會偷腥、會尋樂子，只是一介凡夫俗子。

一方面由於這場白宮緋聞始末，關於「口交」的討論不勝枚舉，用語也聽多了，宛如對社會進行「去敏感化」教育，自然促成人們比較容易面對這個議題。

近來調查報告指出，美國15至19歲的青少年有多達半數

以上均從事過口交（1994年美國針對全國高中生調查，僅有26%從事口交），人們便歸罪柯林頓這位始作俑者。

口交不會喪失童真，仍保有處女／處男之身，也不會有懷孕之虞，這觀念在年輕一代的圈子裡十分普遍。法國人還專門為此造出了一個新字「demi-vierge」（semi-virgin，半個處女），形容那些樂意口交，而無須性交的青少年。

《紐約》雜誌曾針對曼哈頓區青少年男女、父母兩個族群進行問卷調查，答案中發現這兩代人似乎不住在同一個屋簷下，甚至該說住在不同的星球上。聰明人大概猜到了，能有這種特殊功力的問卷，當然跟「性」有關。

青少年男女拿到的問卷，是詢問他們的性事。父母拿到的那份，乃詢問他們「想像自己子女會有什麼答案」。結果，將兩組的答案放在一起比對，好幾項數字懸殊到可能叫一些家長從此睡不安寧。

其中落差最大的一項就是「發生過口交」，子女組有51%回答有，父母組則僅有5%認為他們的小孩有。

「口交不算性交」，這套「柯」說新語的影響不只在美國，其他地區似乎也有呼應。前些年台灣法界便傳出新判例，裁定「口交不算性交」，所以與第三者發生這種行為的已婚人士，將不以通姦罪論處。根據報導，在60位法官與律師當中，有49位贊同「只有性器官對性器官的接觸，才是性交行為」。

這股柯氏旋風席捲全球，口交宛如節慶時迸放的煙火，把夜空點綴得令人目不暇給。2000年的守歲之夜，很多倫敦人是在欣賞圍繞口交主題的歌劇《Powder Her Face》中度過。這齣戲出自年輕音樂奇才安德斯（Thomas Ades）之手，講述亞蓋爾公爵夫人之風流韻事。1960年她將外遇的火辣照片外流，引發與公爵丈夫訴訟離婚的風波，轟動一時。歌劇中，就對她喜歡為男士們吹簫多所著墨。

為男人口交，因男性私處的形狀之故，古曰「品簫」，今稱「吹喇叭」；為女人口交，則是「品玉」、「吹笙」（將陰道喻為蘆笙），以上均盡得神韻。其他稱謂尚有「吮陽」、「含陰」、「嘗春」、「舐陰」。

還有一個稱呼較罕見——「舐盤」，根據清末民初文人姚靈犀的《思無邪小記》：

舐盤者，全憑三吋舌，捲入兩重皮也，正如驢舐磨盤，思得糠穀。

在英文中，口交一詞的正式稱呼，區分兩種：女對男的「fellatio」，男對女的「cunnilingus」。

「Fellatio」乃從拉丁字「fellare」衍生，表示「吸」之意，此一詞彙最早使用於十九世紀末。「Cunnilingus」也是源於拉丁字，結合「cunnus」（陰戶）、「lingere」（舔）而成。

現代，坊間最常使用的為「blow job」（用嘴吹的差事兒），簡稱「BJ」，次為「giving head」（照顧那粒頭）和「going down」（往下探）。

也有另一派俏皮的說法，譬如：

對男性口交——擦亮頭盔（polishing the helmet）、擦亮把手（polishing the knob）、放棄素食吧、吸義大利臘腸、啜飲牛奶之泉、吞劍、喉嚨梗到骨頭、逗那條獨眼蛇開心、檢視他的小眼睛……

對女性口交——吃了她（eating her out）、潛水一頭栽錯了地方（muffdiving）、釣魚（going fishing）、在Y字母上吃便當（having a boxed lunch at the Y）、品嚐生魚片、把

碗底舔乾淨、吸吮珍珠、吸食芒果、到下城玩（down-town）、輕咬青豆、舔蜂蜜壺……

但注意了，「口交者」（cocksucker）是一個嚴重侮辱人的字眼，千萬不要誤用。

相關的數據分析

口交，似乎與知識水準有密切關連，教育程度越高者，接受口交的比例就越高。以1948年（男性版）、1953年（女性版）兩份金賽性學報告為例，大學程度從事過口交者，男為女占45％，女為男占52％，高中程度降至20％，國小程度則是10％。

這種教育程度與口交比例的關連，到了1994年美國「全國健康與社交生活大調查」中依舊存在。

知識水平之所以影響口交行為，乃因長久以來口交被宗教界排斥，也被人們賦予各種恫嚇說辭，教育程度越低者越相信這套從小被灌輸的錯誤思想，而對口交深懷恐懼、罪惡；教育程度高者則有獨立判斷的能力，所以較能自己作主，不被傳統思維牽著「下體」走。

以上數據到了七○年代則有相當的提升，例如1972年的「杭特報告」（Hunter）中，大學程度男性為女性口交者占66％，大學程度女性為男性口交者占72％。

1975年，《Redbook》雜誌針對一萬名已婚婦女進行性態度調查，發現87％女性受訪者經常從事口交，表示「非常享受」、「還算享受」口交之樂者也幾乎是類似的比例。

1976年，《海蒂報告》除了數據之外，還列出受訪者的意見，許多女性便在意見陳述中強調接受口交是達到高潮的途徑，像是：「舌頭，比手指更溫暖、更潮濕；更柔軟，運作也更靈活。」「如果我先生以舌刺激我的陰核，一

邊再搓搓我的奶頭，我會在瞬間抵達高潮。」

1994年，芝加哥大學舉行「美國人的性愛」（Sex in America）調查，顯示18歲到44歲的男性受訪者有83％表示口交能帶來「非常」、「相當程度」的快感，在男人的性愛排行榜上，口交僅次於做愛、看伴侶脫衣，位居第三。

在現代，不論男女，有些人視口交為一門可以、也應該學習的知識。譬如，加拿大艾德蒙吞（Edmonton）市還特地舉辦「吹簫工作坊」、「品玉工作坊」，由專業的性學家授課，學生從30到50歲不等。當導師把兩粒高爾夫球裝在尼龍布裡，晃呀晃的，活像男人的兩顆寶貝蛋，全班上課開心極了。

不同的種族對口交偏好也不一樣，白人比率（81.4％）遠高過其他種族，其次為西語裔（70.7％）、亞裔（63.6％）、非洲裔（50.5％）。

某些黑人男性不情願為女性口交的情形，還屢被脫口秀演員拿到舞台上當笑料，博得滿堂彩，近來連限制級的饒舌歌也加入訕笑行列。

阿拉伯民族把口交稱做「qerdz」，頗有禁忌，認為是回教經典中不允許的行為。

不過，最常被拿來與口交扯上關係的是猶太人，他們在這類笑話中演出的機會，遠比其他民族多。例如下面這一則笑話：

一位猶太人在海邊散步，發現了一個油燈，擦拭後飄出了一個精靈，說要滿足他的願望。猶太人想了想，說：「我祈求中東和平。」
精靈雙手一攤：「有些事就是怎麼也辦不到，你應該希冀一些比較實際的事情，還有什麼我可以為你實現嗎？」
猶太人改口道：「我的老婆從來不肯為我口交，而我這麼

多年來一直很想嘗試那是什麼滋味？」

精靈想了想，說：「你剛才所定義的『和平』是到什麼程度？」

　　言下之意，猶太人想享受口交，恐怕比寄望中東和平還難。為了突顯猶太夫妻間對口交的拒絕態度，有些笑話更不惜尖酸刻薄：

一位猶太婦女陪同先生去看醫師，經過一番詳細檢查後，醫師將妻子單獨叫進來晤談。

「黛比，妳先生罹患一種嚴重的壓力症，必須靠妳一日兩回幫他進行熱情、體貼的口交。」

婦女謝過醫師後，走出診所。先生焦急地在停車場等待，問道：「怎樣了？醫師怎麼說？」

婦女不疾不徐地回答：「醫師說你快翹辮子了。」

　　白宮緋聞的女主角陸文斯基是猶太裔，因此當緋聞鬧得沸沸揚揚時，美國猶太社區簡直嚇壞了，不敢相信「我們的猶太女孩」會做出這等「令人齒冷」的事！

　　但近年來，有些猶太人對此不以為然，希望洗刷形象。在《安妮霍爾》的劇本中，猶太籍的伍迪艾倫以電梯下降的象徵方式，描摹不同樓層便是一層地獄的景象，例如第一層收容「宗教斂財者、動手術失敗的醫師」，第二層收容「煉油業者、八卦專欄作者」，而在第五層赫然收留的是「不欣賞口交者」。

　　正確的說法，應該是口交笑話並非單獨揶揄猶太人而已，所有民族都難逃被奚落，因為口交突顯了人性、人際關係的矛盾。

　　在性的笑話庫裡，口交一直擁有高票房。這類笑話常以

男女不同調、婚姻中熱情的消退，大做文章，引起聽者從各自的角度去認同，深受歡迎。

連經常反映民間生活智慧的歇後語，也以口交的主題發展出一套逗趣哲學，特別是對「69」這個數字（或指姿勢）情有獨鍾，如：

何謂69？

就是：妳幫我吹一次，然後我欠妳68次。

好，我們都知道什麼是69了，但6.9又代表什麼呢？

就是：6與9之間隔著一個「period」（句號，也有另一解，指女性月經期）

為何77比69還好？

就是：因為you get eight more（ate more）。

那麼反過來，96是什麼？

就是：同床異夢。

跟口交有關不管是性笑話、性歇後語，還是性的腦筋急轉彎，都已自成一門派別，現代成年男女最好多少懂個一招半式，才好行走江湖。

下次，如果有人問你：「在性器官與肛門之間的那個地方，叫做什麼？」你可不要做出一副小兒科的表情，心想「這種國中健康教育第十四章的問題有啥稀奇」，然後就從鼻頭滾出一個哼，自信滿滿地回答：「會陰嘛！」

錯了！在性器官與肛門之間的那個部位，是……

「下巴休息的地方！」

第 2 章

———

開口之前的準備

心理部分

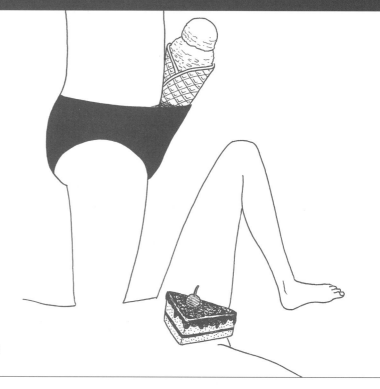

口交需要學習

　　口交也需要學習啊？不就是憑一張嘴的功夫，含進吐出，誰不會啊？

　　那可錯了，口交需要好好調整心態，也需要學習技巧！因為有些人的口交態度不正確，技術也乏善可陳。就像做愛值得觀摩與學習，口交亦然。所以，你必須建立「口交需要學習」的觀念。

　　下面是一段有趣的經歷，檀香山動物園在情人節當晚，組成一支觀察團，美其名為「生物教學之旅」，其實是參觀動物做愛，看一群野獸到底在烏漆抹黑中幹出什麼好事？

　　結果一晚下來，動物們都挺捧場，讓這群偷窺狂眼睛吃冰淇淋。動物做愛比號稱「萬物之靈」的人類有意思多了，譬如那晚大家看見了大象在親熱後，有「散場舞蹈」的慶祝，不像人類搞完了，倒頭就呼呼大睡。

他們也見識到了非洲豪豬基於神奇的天性，一年一度聚集成堆，舉行群交大會。每隻豬都爽得吱吱叫，彷彿嘲笑著苦悶的人類在一夫一妻制中強顏歡笑。

公鱷魚則躲在水塘中，耐心地頻頻吹著氣泡，吸引異性。牠殷勤做工，踏實守候，那股傻勁比起某些人類自認為「美得冒泡」而趾高氣揚，更加可愛三分。

據報導，兩條蟒蛇交纏，可以持續十幾個小時，而且一次交媾，公蟒竟能讓母蟒接連在三年內產卵。所以，這群遊客算是幸運的了，沒在當晚領教到蟒蛇的絕活，否則許多男士都要大感羞愧，趕著回去好好「內自省」了。

性交，是所有動物的一種本能，但口交似乎是人類獨享、且能好好發揮的天賦。不過，這不意味著人人就深諳箇中三昧，也不表示人人都很懂得樂在其中，唯有仰賴虛心學習，才會窺見口交之堂奧。如果你認真看完這本書，也許就會舉雙手贊成了。

請務必牢記，性愛樂趣包括口交愉悅，是雙方必須用心經營的課題，而不是躺在床上等候「天上掉下來的禮物」。

喜歡自己的性器官

對性器官的觀感，男性也許還好，許多女性卻深感彆扭、羞愧，甚至厭惡。不少女性第一次被男伴舔陰戶時，都嚇得魂不附體，更別說放鬆享受了，想說：「怎麼會有人願意去舔那個醜不拉嘰又骯髒的地方呢？」

美國著名性學家貝蒂·道森（Betty Dodson）提過，年輕時她有相同的經驗，當老公毫無預警地探下身子去為她口交時，她簡直當場凍僵了。女性器官對當時的她而言，是何等醜陋啊！

帶著這種自覺，她後來體會到女性必須先喜歡自己的性器官，不然講什麼情慾自主、性愛有理那套都是騙人。她

後來致力宣導「女性器官之美」，開設「女性自慰」成長班、著書、展示陰部繪畫，教育大眾這個道理。

很多女性覺得自己陰唇色澤太暗，她們應該重新建立一套正向的色彩心理學。早期的黑人運動打出一句響亮口號：「黑就是美」，成功地扭轉了一般人對黑代表不潔、污穢、低下、醜陋的偏見。

這類的女性也需要重新去定義「黑」，黑可以代表神秘、深邃、大方、高雅，聯想物也該鎖定在令人愉悅的東西上，如黑而爽口的巧克力、黑而甜的芝麻糊、黑而濃的香醇咖啡、黑而發紫的葡萄、黑而晶瑩的羊羹等，盡量發揮想像力，去捕捉色香味的源頭。

許多女性深受「無法達到高潮」所苦。其中一個最大原因，係出在「私處意象」（Genital self-image）低落。

英國醫學健康中心「Berman Center」對2500位女性調查，顯示對自己私處感覺舒坦自在的女性，其做愛滿足程度，是那些「私處意象」相對貧乏女性的 61 倍！

改善「私處意象」之道，首先必須熟悉自己的性器官，平常多觀察，了解它，眼熟它。專家也指出，女性對私處有負面觀感，多來自擔憂性器官的氣味不佳，會引起性伴侶不悅。

其實女性應做好心理建設，明白性器官天生就具有氣味，不必被文化中「女陰乃不潔」的傳統刻板印象綁縛。若真的有壞氣味，可能是發炎現象，宜請教醫師。

人們都認為優質的性生活，乃努力去學習各種花俏的做愛姿勢、營造氣氛，或設法與伴侶溝通、有良性互動，卻忘了最基本的起步──關照自己與性器官之間的關係。

除了喜愛自己的性器官，也應把對方的性器官當成心愛的玩具一般，越加珍視，口交便越如魚得水，水乳交融。

發自內心願意

　　一場好的口交，就像西方流行的口語「party for two」，意指兩個人的派對，也就是雙方都要樂在其中，而非僅有一方享受。

　　閱讀再多的口交知識，學習再多的口交技巧，如非真心想做，也將是徒然。

　　許多男女抱怨性伴侶的口交品質，並不一定都源自不滿意對方的技巧，而是不喜歡對方的態度。例如，覺得他們有點意興闌珊，或提不起勁，或至少沒表現出真的有興致、有熱情的樣子，總之是被動，甚至被迫居多。

　　所以，與其不甘不願，臭著一張臉去做，敷衍了事，倒不如不作，或「改期再戰」。真的要做的時候，設法表現出熱誠，不管是出於自己喜歡，或基於希望對方享受，往往是優質口交的第一步。

雙方平等互惠

　　儘管，口交有施與受的角色，但除非雙方自願，不然遊戲規則都應該建立在互惠上，亦即均有機會享受，並回饋對方。

　　通常較易發生的情況是，男性熱中享受口交的滋味，卻無相對意願回報女伴。或者，即使回報了，時間與精力也與對方的付出不成比例。不平等的待遇，不僅讓單次的口交失色，長期下來，也會影響彼此的親密關係。

　　在口交進行中，固然被口交的那一方陶醉其間，提供口交的這一方應認知到，這不是僅在滿足對方而已，自己同時也一樣在享受。

　　口交者並非被動地在服務對方，而是主動地創造雙方的快樂。對方的快樂雖然重要，但自己的快樂也一樣重要。

人們對口交不敢恭維有許多原因，其中之一牽涉到性愛中的權力關係，而在心態上不以為然。譬如，認為口交動作有貶抑的意味。

在英文中，口交又稱「head-down」，表示頭要屈下去。《村聲》（Village Voice）雜誌就指出這種口交式的俯蹲類似膜拜者的朝聖姿勢，在瑪丹娜的〈Like a Prayer〉裡，有一段歌詞最能反映其中情境：「蹲在我跟前，我將帶引你到那兒。」（那兒被影射心靈的彼岸，但在此也可被解讀成性高潮。）

對某些人而言，這種姿勢具有自我價值受損的象徵意義，所以自尊心無法接受，特別是有些大男人個性的男生，認為作這個勾當「非大丈夫應為也」。

而一些女性意識較強的女生對口交亦難有好感，把「低頭下去服務」看成是對有尊嚴女性的一種侮辱！她們時常也會出現抵制或批判的態度。

然而，如果能抱持雙方平等的觀念，自然就不會陷入這種權力的困擾裡。

排除負面偏見

儘管人們對口交的態度趨於開放，仍有許多迷思縈繞。根據《性：事實、行為與你的感覺》（Sex: The Facts, The Acts & Your Feelings），一般人對口交最普遍的誤解如下：

喜歡享受口交的人大概是同性戀者。

真正的男子漢絕不口交。

女性為人口交是一種服從的表現。

女性在口交時若敢吞下精液，便是所謂的花癡。

吞下精液會造成懷孕。

男性若從事口交，意味著他無法以陽具滿足性伴侶。

口交容易感染疾病，因爲性器官上面沾滿了細菌。

已婚者很少採行口交。

從事口交者代表在性方面的心智不夠成熟。

口交會導致口腔病變。

對方願意口交，才是其表示真愛的方式。

另外一本書《母親從未告知的性事》（What Your Mother Never Told You About Sex），特別針對女性，列出了她們對口交的錯誤觀念：

陽具不清潔。

他會在我的嘴中尿尿。

我禁不住想吐。

他一定會期待我把精液吞下去。

只有壞女孩才會有口交行爲。

口交是不自然的事。

人們對口交的偏見有很多種，也許造成一開始便自我隔斷享受的機會，或是即使享受了，心情也大打折扣。當心中的偏見包括畏懼、迷惑、封閉、不滿消除了，才有可能敞開大門，迎接口交的樂趣。

行動部分

舌頭練習

　　舌頭，大概是人體最靈活的器官之一，達文西就對它讚譽有加，指出身體沒有其他部分像舌頭這樣，需要這麼多條肌肉。他說人體的肌肉都是用在「拉」而非「推」的動作，唯性器官與舌頭例外。

　　舌頭也可能是性感的象徵，巧笑倩兮之際，如果再以沾濕的舌尖舔一舔嘴唇，畫面便多了一絲嫵媚。

　　不過，舌頭最精彩的挑大樑演出，則是在「口交」這齣好戲中。它提供觸摸、潮濕與溫熱的三種主要感受，使口交無往不利。而且在口交時，舌頭各部位都會派上用場，如舌尖、舌面、舌背，甚至包括舌頭側邊。

　　「工欲善其事，必先利其器」，想要成為口交將才，當然

必須好好鍛鍊舌頭。在評論人品時,我們最怕被說是「油嘴滑舌」,但用在口交技巧時,這卻是我們追求的目標。

舌 頭 向 上 觸 碰 鼻 尖

這個動作在西方社會同儕聚會時,常被拿出來「請你跟我這樣做」。多數人都很難辦到,而感到掃興。但有些人似乎真有三寸不爛之舌,居然能一路深入北荒,抵達鼻尖。

這個練習並不要求你把舌頭練得像彈簧拉那麼長,也不必真要碰到鼻頭,但保持常練,確實可以幫助舌頭增加彈性、適應勞動量,減少在口交時易於疲乏。

舌 頭 向 下 觸 碰 下 巴

類似上一個練習,只是舌頭試圖接觸之目的地不同。

以 舌 尖 在 口 中 畫 圓 圈

以舌根當據點,舌尖在嘴中畫圓,即半個圓形滑過上顎,另半個圓形滑過下顎。進一步地,可以將舌頭伸出,當成是一支口紅,仔細塗抹雙唇。最好一邊照鏡子,要求舌尖能依照完整的唇形塗抹,就像塗口紅無一處遺漏。

這個練習,有助於口交時的「掃」、「切」動作。

以 舌 尖 細 數 每 一 顆 牙 齒

依序從上排或下排(左邊或右邊均可)的最後一顆牙齒,開始往另一邊數過去。舌尖必須確實輕輕點擊到每一顆齒面。此一動作,可使舌尖具備局部轉動的靈活。

以 舌 尖 寫 出 阿 拉 伯 數 字

想像舌尖是一枝筆,在口中寫出1到9的阿拉伯數字。此一練習跟有些電影中看到的「以舌頭為櫻桃梗打結」遊戲

（對多數人而言，這個難度太高，所以不在此建議）有異曲同工之妙，可以幫助舌頭全方位的靈活運作。

這個練習與上一個練習，都能訓練舌頭的尖端在口交時發揮「刺」、「挑」的動作。

以舌尖頂臉頰

保持閉口姿勢，口裡的舌尖伸往一邊的臉頰，由裡向外頂出去。可以用四根手指抵在臉皮上，增加舌尖向外抗舉的壓力。

做完之後，再換另一邊臉頰。這個練習，有助於口交時「頂」的動作。

以舌尖抵住上顎

同上一個動作相似，也是訓練舌尖的頂力。以舌尖用力抵住上顎，即上排牙齒的背面；同時，下顎盡量撐大，連續緊閉、開展。

這樣除了使舌尖的頂力增強，容易在性感帶的熱點上頂出感覺，也可讓舌頭背面的兩條筋藉此強化，減少在口交時張嘴的酸麻。

保持清潔

經常洗澡的人，性器官應不易有異味，甚至還會發出淡淡的體味，在性行為中變成天然春藥，挑起對方的性慾。

像是有人喜歡嗅陰毛叢發散的氣味，一種由沐浴乳、洗髮精混合體味的幽香；也有人喜歡聞性器官的特殊味道，就如動物發情時散放的麝香，具有促進氣血賁張的魔力。

不過原則上，這些都是在常保持清潔的前提下。不夠清潔的體味則適得其反，只會減低口交的吸引力。

有些人對口交卻步，係基於衛生與氣味。例如，一些男

生的龜頭包藏在較長的包皮內，整天悶下來，容易產生不太好聞的氣味。女生若對龜頭產生的那種類似乳酪酸味十分敏感，便會對口交盡量避而遠之。同樣地，一些男生也會嫌女性陰部的氣味，總設法避免「南下開墾」。

其實，擔心不清潔，或被不悅的味道困擾，最簡單的解決之道，就是在做愛前一起去洗個鴛鴦浴，或至少安排雙方有洗澡淨身的機會。

假如男方包皮過長，而且雙方是一起進浴缸的話，女生便可用自然不惹眼的手法，將他的包皮外翻，以沐浴乳或肥皂沫，把裡面洗乾淨，讓男方以為是在幫他局部愛撫。

女性最好僅以溫水清洗陰道，避免讓肥皂水進入，否則會將裡面自然的保護體液沖洗掉，或改變其酸鹼值，引起細菌感染。

通常，伴侶一起沐浴後，確保彼此身體潔淨芳香，也比較有意願嘗試一些新的花招，例如愛撫或舔肛門。

除了性器官，口腔的衛生也十分重要。芳香的口氣，會使親吻、口交倍增愉悅。

刷牙時，順便刷洗一下舌面，清理嚼食後可能留下的奇異色澤。何況一條紅潤的舌頭，在口交時就是一項利器（但不要臨到口交前才刷牙，參閱第八章，P185）。

總之，衛生問題絕對不要等到被對方嫌棄，才做補救功夫，自己平常就應保持良好衛生習慣，尤其包皮較長或運動量較大的男生更該注意。

清洗時，應將包皮翻轉，好好清洗包皮內層，並以手指搓洗最易囤積體垢的陰莖頭冠。男性除了留心包皮，也要清洗陰囊旁的兩股，那兒也最易積存體汗。

即使來不及在口交前全身沐浴，至少要做到局部（私處）清潔。

門面整理

　　陰毛圍繞性器官，渾然天成，宛如一座花草叢生的草原，徜徉其間，自有一番野趣。然而，修剪過的陰毛整齊美觀，則如一座整齊漂亮的花園，也有怡人之處。

　　有的人對毛髮有偏好，譬如有些女生覺得男性體毛越多越性感，那便另當別論，以維持原狀為主。不然，一般修剪過的陰毛，都會予人舒適的視覺感，更能提升一親芳澤的慾望。

　　修剪陰毛，是一種選項，而非必須。但過多與雜亂的陰毛，在口交中的確不便，當正在興頭上時，還要時時停下來把陰毛將口中抽出，似乎掃興了點。

　　注重陰毛的美觀，並非較重視門面的女生專屬，近年來在西方社會已成為許多男女共同的「親熱禮儀」。將體毛與陰毛修得整齊，被視作對性伴侶的禮貌，甚至有些人還把陰毛完全刮掉，下體光滑得有如嬰兒般的肌膚，營造細膩情趣。

　　著名性學家貝蒂‧道森指出，一個會修剪陰毛的女人，對自身的性感較易有信心。因為她花功夫在照顧下面，對私處便會產生更緊密的親密關係，容易展現自我之美。

　　難怪《村聲》雜誌的專欄作家崔絲坦（Tristan Taormino）說，當她剔除陰毛後，感覺跟私處的關連變得很親近。只要一脫掉內褲，陰戶就豁然呈現，不必再委身於一蓬亂草中。她可以清晰地看見私處的每一吋肌膚、每一道線條。連走路時，都能感覺陰唇更加摩擦，自覺更為性感。

　　除了自己私下在事前剪毛、除毛之外，為對方（或互相）修剪陰毛，也是相當性感的過程。它不僅有心理上的情趣，也有生理上的刺激。過程中，以刮鬍膏或沐浴乳潤絲、手部密集觸摸、刀鋒刮過皮膚，都別有滋味。

假如選擇除盡陰毛，還可在難得光溜溜的陰阜上親吻、撫摸，創造「完全接觸」的體驗。不過記得，陰毛盡去，當開始長回的初期，常會發癢。

此外，口交當天，應避免使用除毛劑，那氣味會殘留在該處。如真要使用到除毛劑，最好在預定口交的前一日。陰部若有殘留化學物質，總是會讓敏感的舌頭不適。

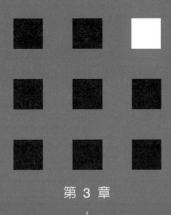

第 3 章

摸清底細──男女性生理

男女共同的性感帶

有一幅漫畫，主題是「男女的性感帶」。女性部分有許多箭頭分別指向女體的各部位，如大腿內側、耳朵、乳房等，而男性部分則是所有的箭頭都指向一處——性器官。

這幅對照式的漫畫，在揶揄男性只重視性器官快感，疏於開發與照顧其他各處。

男性身體能產生快感的部位，絕不僅是陰莖；事實上，男女擁有許多共同的性感帶，加以愛撫撩撥都會引發性的愉悅感，只是男性經常忽略它們罷了。

口交時若將範圍限在性器官本身或周邊，而忽略其他性感帶，簡直「暴殄天物」。只要方式得宜，其他性感帶能製造的性興奮，絕對讓人驚喜。

嘴 唇

嘴唇是人體中就性的意義上，唯一超越性器官的部位。因為，嘴唇兼具「食」與「色」，集合了人生最重要的兩大享受。

嘴唇，是口腔黏膜的延伸，充滿神經與細小血管，一向在人類性愛行為中扮演重角。親吻就能帶來心理的甜蜜、生理的愉悅雙重效果。

一般人較少知道，人中下方的那段曲線唇形，被美化為「丘比特之弓」（Cupid Bow），牽扯上小愛神，可見嘴唇予人遐思。

嘴唇也因形狀、色澤相似，常被當作女性陰唇的象徵，倍增性感意味。在湯姆克魯斯主演的《黑色豪門企業》（The Firm）中，就有這麼一段撩人的對白，男的對著女的豐唇讚美：「我真喜歡妳張那俏小嘴。」女的回一句更挑

info

1896年，愛迪生的助手製作了一部接吻電影，一對情侶在公園長凳上親吻長達兩分鐘，引起大轟動。這是因為一般人第一次清楚觀賞到他人接吻的場面，滿足了窺視慾。

從此，接吻成為西方電影擴獲觀眾的靈丹。當時，好萊塢的電影倫理規定，女演員若是已婚婦女，不能吻上唇。親吻時，男演員不能將手伸到女性的腰或臀部。接吻時間也有限制，不能超過15秒。

但後來這套法則不敵火辣的北歐電影，在影片中，北歐女演員不是僅是嘴對嘴啄幾下，還伸出舌尖勾纏，刺激之至，改寫了電影史。

逗的話：「它還不是我全身最漂亮的部位。」一來一往的
對話，意在弦外，明白人一聽就了解。

奶頭

女性奶頭：

　　談到女性的奶頭，要先提女性的乳房，這是成年女性的
性徵之一，向來被視為女性形體美最重要的標誌。主要由
腺體、導管、脂肪和纖維組織構成。

　　成年未生育的女性乳房呈半球形，緊繃而有彈性。妊娠
後期和哺乳期，因乳腺增生，乳房明顯增大。當哺乳停止
後，乳腺萎縮，乳房變小。

　　女性的乳房上除了奶頭，還有乳暈（奶頭周圍顏色較深
的區域）。每位女性的乳暈顏色都不同，大小也因人而異，
一般直徑多在3～4公分左右，有隨年齡增大的趨勢。

　　乳房的神經分布與神經末梢數量很豐富，在愛撫刺激
下，能產生極大的快感。這時，奶頭會充血脹大，乳暈也
會跟著膨脹。沒有任何證據顯示，乳房的大小、乳暈的顏
色與性慾的強弱相關。

　　女性的奶頭由密實的結締組織和平滑肌組成，一旦遇到
外來刺激，平滑肌收縮，奶頭就會勃起。因此，奶頭的堅
挺，常被當成女性是否達到高潮的指標。

　　在做愛時，男性多把注意力集中在以陰部為中心的下半
身，而忽略了乳房。但奶頭與陰蒂並稱女性最敏感的性感
帶，千萬不要「過寶山而不入」。

男性奶頭：

　　男性的奶頭像兩粒葡萄乾，長在胸膛上。有位美國作家
將男性乳頭比喻作「甜蜜大海上的軟木塞」，挺為傳神。

　　許多男人的奶頭很敏感，但有更多男人不知道自己的奶

info

義大利性學研究者皮艾羅・羅倫佐尼
指出，女性乳房的形狀可顯示性格，
例如：
梨形：具藝術天性，勇於追求愛情。
西瓜形：喜歡被寵愛。
檸檬形：活潑、精力充沛。
鳳梨形：聰明浪漫。
橘子形：有自信。
櫻桃形：風趣健談。

info

根據《乳房的歷史》(A History of the Breast)，中世紀末期，撫育的乳房首度成為基督教性靈滋養的象徵；文藝復興時期，畫家與詩人為乳房塗上情色意涵；十八世紀的歐洲，思想家則將乳房打造成公民權的來源。但這均為男性眼光折射後的想法，乃男人據女性乳房為其所有。直到二十世紀，女性才奪回乳房的主導權。

事實上，不同的人看待乳房均有不同觀點，乳房在嬰兒眼中是食物；在男人眼中是性；在醫生眼中是疾病；在商人眼中是鈔票；在藝術家眼中，則是美感來源，澳洲一位女畫家以自己的乳房當畫筆，她說畫出來的作品像是抽象派的小花。

頭可以製造性興奮，也從沒想過去刺激它們。

男性奶頭與女性的一樣，都分布著神經，也能獲致快感。但男性奶頭受重視的程度遠低於女性的，有人稱之為「隱性的性感帶」，表示它具有高度開發的潛力。

經過性刺激，男性奶頭會脹大，像泡過水的葡萄乾，渾圓鼓脹。有些男性在自慰時，一手打手槍，另一隻手則會捏揉奶頭，以增強快感。

在同樣喜歡奶頭快感的男性當中，每個人偏愛的強度也都不同。一般來說，還是以溫柔的吸舔居多。

當無法確定對方偏愛的強度時，宜先以舌頭輕舔，觀察他的反應再逐漸加重吸舔的力道。如果尚有施力的空間，便可動用到手指、牙齒。

有些男性可能心存偏見，覺得奶頭快感過於女性化而不願嘗試，甚至在前戲時對涉及自己奶頭的挑逗行為反感。

不管女性、男性，奶頭除了以口吸舔，還可用手把玩。譬如，將食指含入口中舔濕後，在奶頭上轉著圓圈；或以食指、拇指夾住奶頭側面，輕輕來回地轉動，彷彿在滾動鉛筆尾端的橡皮。

一般來說，女性奶頭偏愛溫柔手法，男性奶頭的輕重範圍就比較大，有些男人喜歡奶頭被手指用力擠捏、搓揉，甚至以牙齒輕咬，或以指甲招住，像扎針一樣招幾下。

在SM玩法中，奶頭的快感常與痛感合而為一，愛好此道的男性很多借重奶頭夾助興。

臀 部

臀部因肌肉結實，面積較大，比其他性感帶「耐磨耐操」，可以軟硬兼施。許多男人喜歡看女人的臀部，不少女性也覺得男人最性感的部位在雙臀。而男性在做愛時，很喜歡躺在下方的女性環扣雙手，愛撫他挺進的臀部。

嘴巴愛撫臀部的方式：

1.以連續吞吐舌頭狀，舌尖到處在臀部上勾觸。

2.同樣動作，舌尖換成畫圈圈般轉動。

3.用整片舌面貼住臀部肌膚，由下而上舔。

4.以牙齒輕輕咬大塊臀部，咬住後保即持不動，輪流咬臀部
　的各個角落。

5.雙排牙齒細碎地連番快速咬嚙著臀部。

6.舔肛。

雙手愛撫臀部的方式：

1.以手指尖輕碰臀部皮膚，若有若無地接觸、撫摸。

2.指頭連續摳動，像在肌膚上爬行。

3.十指屈起，以指甲輕輕地從臀部上緣平行刮下來，直到大
　腿根。

4.雙手攤開，在兩臀上做圓圈狀搓磨。

5.同樣雙手攤開，掌心壓在臀部上像按摩震動。

6.雙手各抓取左右兩片臀部，在掌心中捏成一團，然後一抓
　一鬆地縮放。

7.拍擊屁股（spank），輕重以對方能接受為原則，有的喜
　歡輕拍，有的喜歡像處罰般的用力打。

8.一般的臀部按摩。

陰阜

　　陰阜位於恥骨之上，為一長滿陰毛的丘狀地帶。皮下有
豐富的脂肪組織，形成肉墊，能減緩性交時雙方身體的碰
撞力道。女性陰阜的皮下脂肪豐厚，比男性更隆起、飽
滿，亦稱「維納斯丘」。

　　陰阜底下有許多神經，加以刺激能增生性慾。愛撫時可
用手指耙梳陰毛，以及摳抓陰毛底下較少被開發的皮膚。

還可以將五指伸直，與身體成垂直線，用指尖的肉墊（避開指甲）一舉一落的輕輕插向緊鄰性器官上緣的陰阜，有如點穴。另外，也可用指尖肉墊沿著腹股溝、陰阜一帶，展開揉動式的按摩，刺激周邊神經。

陰阜下的恥骨，一般人比較少用心。可以適度地以手在這個地帶壓迫，因為壓力會往下傳，可推擠男性體內的精囊，造成刺激感，女性也一樣會有壓迫快感。

肛門

肛門，臀部中央的開口，連結直腸，主要功能為排泄，但因周邊分布有豐富的神經，在性感應上十分靈敏，也被當作是重要的性愛器官。

若對肛門加以愛撫、舔吸，不管男女都能有不同程度的快感。某些男士會以肛交方式，獲取肛門快感。

肛門的構成組織與周邊的皮膚有明顯差異，形成多層皺褶，顏色也較為深暗。在性興奮時，肛門會膨脹。

肛門有兩片括約肌：肛門外括約肌（屬不隨意肌，不受意識控制）與肛門內括約肌（橫紋肌，屬隨意肌，受神經支配）。

括約肌的主要功能為閉合肛門，協助排便。平常呈緊閉狀態，防止體內的排泄物、氣體外流，唯有在排泄時才放行體內廢物，宛如兩片活塞。

括約肌（sphincter）的字根源自「Sphinx」，一般解作古埃及的人面獅，原指希臘神話中的一隻野獸，善於出謎題，凡答不出者就遭其吞食。這似乎也反映了人們在看待括約肌和肛門時，充滿了惶惑。

男性的肛門四周往往長有柔細的體毛，有的蔓延開來，密布於會陰、臀溝、局部或全部的臀部，體毛濃密者甚至與大腿毛相連一氣；有些男性的肛門邊則是體毛稀疏或通

體光滑。女性的肛門周遭通常無毛。

不見得所有男人都能感受肛門快感，但確有部分男性的肛門感應靈敏，有些能增強射精的衝動，有些甚至成為射精的主要刺激來源。

過去，女性常以肛交保持處女膜完整、避免受孕。但現在，也有許多女性喜歡這種性交方式。根據美國「全國健康與社交生活大調查」（NHSLS）報告，有四分之一男性、五分之一女性表示曾採行肛交。如同口交，教育程度越高者越會採行肛交（30%大學畢業 vs. 20%高中畢業）。

愛撫肛門、舔肛、肛交，絕非男同性戀者的專利，它就是單純的生理愉悅，未必與性傾向相關。所以男士們不應該畫地自限，不敢向妻子、女友、性伴侶表示想享受肛門快感。

美國著名的男性雜誌《Men's Fitness》出版《Total Sex》毫不避諱地指出，人類進化了幾萬年到現在，肛門部位還存在著許多敏感的神經，大可增進性樂趣，那麼我們為何要去否認肛門用在性行為上的好處呢？書中即鼓勵男人們勇於去開發這塊處女地的潛力，在後院中種一株迎風招展的花。

會 陰

男性的會陰，位於陰囊下方至肛門之間的地帶。女性的會陰，則位於陰唇下方至肛門之間的地帶。

會陰密布神經末梢，有人將之稱作「通往天堂的高速公路」，望文生義，不難想見可以帶來的快活程度。

道家與中醫將此處稱作「會陰穴」，道家更把這兒稱作「生死門」，就是指男人由這裡控制射精，可見其地位之重要。它也是人體長壽要穴；密宗則稱之為「海底輪」，乃宇宙能量之源，極受重視。

男性的會陰底下，便是陰莖的根部，所以皮膚表面略微拱起，有點類似脊狀。當勃起時，觸摸這裡便可以感覺變得硬腫。

男性的會陰通常有一道細窄的繫帶狀，從陰囊中央線延伸而下，直到肛門。如果以一根手指輕壓會陰，往下一按，會感到陰莖一股抽緊，牽動恥骨與尾骨間的肌肉，並有一陣微妙的激顫迅速傳到腦子。

在會陰上那條繫狀線的中央點，是從體外接近攝護腺的最短距離，可以善加利用。以適當方式施力（見第四章之「刺激攝護腺」，P122），將刺激體內的攝護腺，製造快感。

直 腸

直腸，銜接肛門，長約3～4公分。

恥 骨 尾 骨 肌

恥骨尾骨肌（pubococcygeus muscle），俗稱PC肌，是陰部的一塊懸帶狀肌肉，位於恥骨與尾骨間。

五○年代，美國醫師凱格爾（Kegels）意外發現強化這條肌肉，不僅能治療中年婦女的尿失禁問題，還能增強性功能。他發展出一套鍛鍊方法──「凱格爾運動」，即有意識地經常收縮尿道、肛門和陰道括約肌，有助於婦女在性高潮時的強度，因而又稱「愛肌」。

男性加以練習亦有好處，因PC肌是控制男性排尿、射精、勃起的肌肉群之一，若鍛鍊強化，能增強高潮反應。

大 腿 內 側

大腿內側，肌膚格外細嫩敏銳，應避免用咬的方式，口舔、手指愛撫都能引起高度的舒暢。

耳朵

耳朵，在性愛中扮演要角，眾所皆知。舔耳時有幾處重點：耳垂、耳朵後、耳垂與頸部相連地帶。如果想追求較具侵略性的刺激，可將整隻耳朵含入口中，或以舌尖在耳渦旋轉挑弄。除了口部愛撫，還可以鼻子對準耳根，噴出溫熱的呼氣，效果亦佳。

耳朵的妙用多一樁，還可接收情話。當做愛或前戲時，對方在耳畔說著甜蜜的悄悄話，男女都一樣會有融化的感覺。一邊舔耳時，可一邊發出呻吟或喘息，聲聲逼入耳裡，分外撩人。

根據實驗，講甜蜜悄悄話時，湊近左耳比右耳有效，更容易聽進心坎。這是因為左耳連結右腦，而右腦掌控情緒之故。

頸 根

男女的頸根都很敏感，女性尤然，只要對方以熱鼻息靠近，就能引起全身嘰呤，冒出疙瘩，身軀軟化。

此處適宜貓舔式，即以舌尖一下又一下滑過肌膚。其次為以舌尖連番快速地撥挑，輕微溫柔地咬也有好效果。

在脖子根狂吸狠咬，稱為「愛咬」。留下印記固然浪漫，但其實許多女性未必喜歡，因為要穿一個禮拜的高領。怎樣吸到夠勁，又能船過水無痕，就各憑本事了。年輕的男性可能反倒歡迎，可以當成戰果炫耀。

但「愛咬」帶有侵略性，一方發起攻擊，一方欲迎還拒，頗能增加床戲樂趣。如果真要「愛咬」，建議避開衣領以上看得見的部位。

薦 骨

薦骨，脊椎骨的最底端，亦即腰部中央凹陷、臀部股溝

值得開發的部位

之上的那塊小區域。此處適宜僅以舌尖接觸，連續轉圓圈；也可像貓兒舔水那般，連續由下而上舔。

起先，以吻或舔脖子後根，然後舌尖從那裡一路沿著脊椎舔下來，直到薦骨。當身體背部這一條「電線」因此接通後，會產生電流般的興奮感。

指頭

手指，是我們最常使用的身體部位，特別是指尖，神經相當發達。手指頭在性愛遊戲中無役不與，愛撫全靠它們撐場，但不是很多人想到吸舔指尖也有另一番情趣。

含住指頭的前半段，像吸奶嘴那樣蠕動，一次一根（食指最佳）就好，感覺較強。另一種方法剛好顛倒過來，在口交時，伸進一根手指到對方的嘴裡含住，便能產生被對方嘴部蠕動引發的快感，也極具情色氣氛。

手肘內側

手，是我們最常使用的部位，對各種觸碰習以為常。

但是手肘內側則不然，當我們垂臂時，它們便藏匿在手肘外側的保護下，因而對外來帶著愛撫意味的摸弄，有極強的感應。

一些男性喜歡在親熱之際，將女伴的雙手往上壓制，露出蓮藕般的手肘內側；這時不管是口舔，或者用鼻子嗅與摩擦，都能挑起女性敏感的性神經。

腋窩

伊莉莎白女王時代，女性會在腋下以蘋果浸漬，發散氣味引誘男人。

將陰莖插入腋窩交媾，稱為「axillism」，這種情形在歐洲

較普遍。當地女性允許腋下長著自然的腋毛，當腋下夾緊時，腋毛又摩擦著陰莖皮膚，格外來勁，有種特殊刺激。

在確定對方淨身的情況下，平常隱匿在臂膀下的腋窩，有不少神經分布，是口交值得開發的新戰場。即便不是用舔，將口腔罩住該處，哈幾口熱氣，也有搔癢與性刺激的雙重好處。

腋窩的體毛、附近的肌膚非常軟細，宜以口或臉輕輕在腋毛的末稍，像風拂過。在性愛方面，有些人有氣味癖好，對腋窩那股特殊體味尤其偏愛，會禁不住猛嗅。

膝 蓋 內 側

膝蓋內側，即膝蓋背面那個凹下去的窩狀，平常幾乎很少有機會被碰觸，雖不是許多人的性愛火力區，但因密布神經，肌膚細嫩，算是極具潛力的區域。它往往稍一撩撥或舔吻，就有強烈反應。

有人稱這裡為「膝蓋的腋窩」，表示與腋窩同樣敏感（尤其是癢），是很好突襲的地方，適宜在前戲與誘惑時派上用場，製造意外驚喜或驚嚇。

肚 臍 眼 及 其 下 方

肚臍眼常被當作性感的象徵。也有人把它開發成一個性愛的歡樂窩，不管是前戲時以手指撩撥，或以舌相舔，這個長相如小雛菊的身體之花，確能微微舒爽，微笑以對。

舌舔之時，可用舌尖在肚臍眼中轉動，沿著外緣形狀一圈又一圈。偶爾，可把舌尖挺直，往肚臍眼的正中央頂入；也可舌尖倒勾回來，挑著肚臍的皺褶。

這個位居身體中心的樞紐，有可能產生讓你意想不到的觸麻感受，上逼天庭，下落腳心，全身暢快。

另一條歡樂捷徑，是從肚臍眼為起點，一路伸展下來，

直到陰毛上方。一些女性的小腹很敏感，如有舌頭沿著這條線舔，還會刺激到有點抽筋呢。

而一些男性從肚臍眼而下，有一條細長的黝黑體毛，延伸至陰毛叢，如風中野草倒臥，被視作男性性感美。女性望之心動，舔起來格外有勁。

頭 皮

大概有人很難想像，頭皮竟也可列入性刺激的區域？但相信很多人都記得在美容院洗頭髮時，頭皮被細心按摩的舒爽感。

在性愛時，以手指耙梳對方的頭髮，輕輕撫摸著頭皮，就算不是頂刺激，可是也有基本的愉悅。有些人甚至喜愛在高潮時，被稍微用力地抓住頭髮，讓髮根與頭皮間形成拉力，呼應快感。

兩性器官的對照

在口交（性交亦然）時，女人最常抱怨男人的是：對方都不知道我要什麼？對我的身體，尤其性感帶似懂非懂。

事實上，男人也抱怨過女人的笨手笨腳，只是通常不敢聲張。他們覺得如果對著自己性感帶，特別是性器官部位指指點點，要這要那的，彷彿在跟女性討價還價，不夠大男人的乾脆！（所以活該只被搔到一半的癢？）

女人怨嘆：「他們男人啊……」；男人則嘀咕：「這些女人喔……」，互相指責健康教育課程修得不及格。

其實，兩性的性器官並不如對方想得那麼「男人來自火星，女人來自金星」，真相是男人與女人都來自地球，許多部位在對照下，有著同樣的功能。

在胚胎時期，男女性器官源於同一胚芽，並無差異。雖然出生後，它們的外觀看起來天南地北，但在發展之初，

它們經歷了一些共同的階段，甚至曾有「一個模子印出來」
的階段。

在發展後期，男女性器官的外陰部才各走各的路，但兩
者的功能仍有神奇的相似處（請參閱對照圖）：

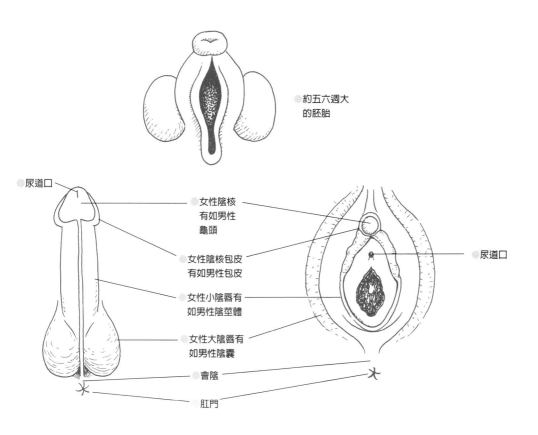

約五六週大
的胚胎

尿道口

女性陰核
有如男性
龜頭

女性陰核包皮
有如男性包皮

女性小陰唇有
如男性陰莖體

女性大陰唇有
如男性陰囊

會陰

肛門

尿道口

好好研究男女性器官的對照圖，將有助兩性將自己的身
體喜好，逐一印證到異性身上。亦即先將兩性生理的相
異、相同「存乎一心」，然後「將心比心」，便會在親熱行
為時，有良性互動了。

女性生理構造

看得到的部分：
女性外生殖器

陰 道

陰道，位於小陰唇間、尿道口下，為一個開口為菱形的扁管狀，連接外陰部與子宮。它也是分娩的產道，為男女性交時主要插入的部位，平常有排放經血的功能。

陰道起自尿道口後方與會陰之前，向骨盆腔方向延伸，銜接子宮頸部，長約7公分。當性交時，陰道的長度可增大2～3倍，深具彈性，能容納各種尺寸的陰莖進入。

當接受性刺激後，陰道即自動分泌比平常較多的黏液，這是人體天然的潤滑劑，有助陰莖插入抽送。但分泌多少才算正常呢？有人的分泌量很多，整個陰道都濕漉漉的，而有的人只是稍微有些濕潤感。

陰道具有自動清潔的功能，比起嘴巴反而乾淨。古稱「金溝」，倒是耐人尋味。

陰道的性神經分佈有兩個區段，三分之一的前段分布著豐富神經，感覺敏銳；三分之二的後段則遲鈍。這也就是為何專家鼓吹不要一味追求陰莖的長度，因為過長的話，頂入後方的三分之二段落，非但不會製造快感，有時反而還覺得不適。

陰 核

陰核，又稱陰蒂，位於陰道開口上方，小陰唇的起端處。它呈條狀，為一突起頭部和一柄狀軀幹組成，是極度敏感的海綿組織。頭部具有彈性纖維，興奮時會充血脹大。這裡，是女性全身最為敏感刺激的部位。

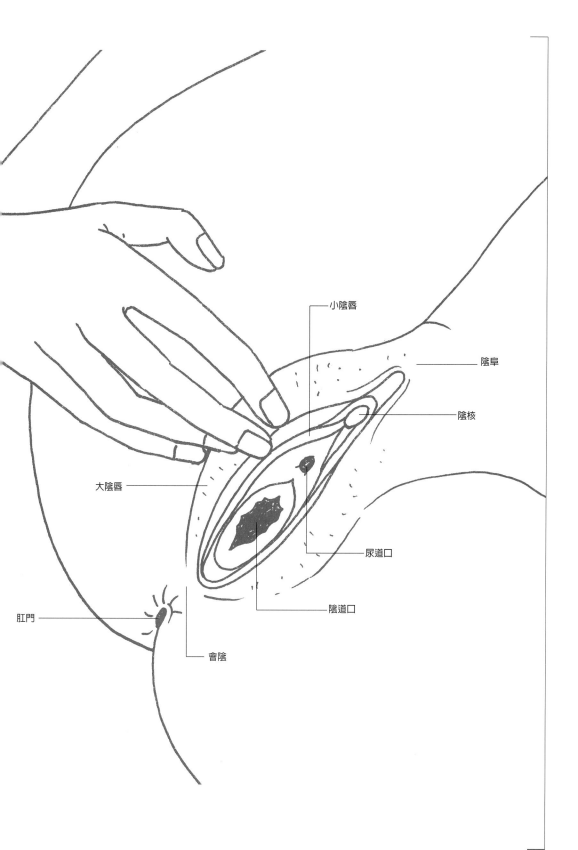

小陰唇

陰阜

陰核

大陰唇

尿道口

陰道口

肛門

會陰

平常陰核頭被陰核包皮裹蓋「不見伊人芳蹤」，只有在進入性興奮狀態時，陰核包皮褪下，才會露臉。

陰核十分獨特，不像男女性器官的其他部位還得兼具生殖與性方面功能，陰核單純只為了性的快感而存在。換句話說，陰核宛如造物主專門送給女性的性愛禮物。

每位女性的陰核大小、形狀不一，未受刺激前，如一個櫻桃核，平均長度約0.7公分。但多數女性都等到了青春期後，才意識到陰核的存在，也體會到它所能帶來的高潮。

多數女性皆能從觸摸陰核獲得高潮，無論採取哪一種方式，都省不了愛撫陰核，它是女性自慰時最喜歡碰觸的部位。這裡密布神經，感覺靈敏，舔觸時應輕柔、細膩，過強的刺激會使一些女性感到疼痛。

有個絕妙的比方，陰唇有兩邊，彷彿兩個廂房，如東宮、西宮，而上頭還坐著一個皇太后，那就是陰核。可見在性愛中，陰核的身價非凡。

根據瑞貝卡‧喬克（Rebecca Chalker）的《陰核事實》（The Clitoral Truth），陰核布滿了八千個神經末梢，在男、女身體的各部位遙遙領先，比男性陰莖的神經末梢足足多上一倍，所以對愛撫的感應極其靈敏。

難怪在《陰道獨白》一劇中，演員戲謔地說：「女性都擁有這一把自動步槍了，幹嘛還要男人那把點三八手槍呢？」

大陰唇

大陰唇，又稱外陰唇，女性外陰的一部分，是靠近兩股內側，環繞陰道口的一對縱長、隆起的皮膚皺襞。

它起自陰阜，止於會陰；外側、上端長有陰毛，內部無毛，由小陰唇隔開。

它肥厚而多肉，皮下含有豐富的脂肪組織、彈性纖維、

血管、淋巴管、神經和靜脈叢，平常是貼攏閉合著，可能整個或部分覆蓋小陰唇、陰道口及尿道外口，不讓外界有害物（細菌、微生物）入侵，保護泌尿及生殖系統的安全，有人稱之為「皇宮的侍衛」。

大陰唇的脂肪下充滿球海綿體，當受到愛撫或做愛時，它就會充血，像皮球一樣鼓起，由中線分開為兩片，肌肉變薄上翻，暴露出陰道口。一個膨脹的大陰唇，就彷彿成了活塞運動的彈簧墊，可幫助陰莖推入陰道，也能發揮緊束、挾送、摩擦陰莖的作用。

大陰唇內有一種和腋下相同的汗腺，會發散出特殊氣味，以吸引異性。其外側面與皮膚相同，內側面淡粉紅色，濕潤如黏膜。

每位女性的大陰唇厚薄、顏色、大小皆不相同，平均長約7～8公分，寬約2～3公分。大陰唇的體積，從完全蓋住陰道口與陰核的飽滿型，到露出陰核的扁平型都有。

大陰唇有色素沉著，多為深棕色或黑色，它和奶頭一樣，會隨著年齡增長或懷孕而變黑，係因黑色素逐年沉澱所致，與坊間「性行為頻仍、性經驗豐富才會變黑」的說法完全不符。

小 陰 唇

小陰唇，又稱內陰唇，是兩片柔軟的皮膚皺襞，位於大陰唇內側，與之基部相連。

它無皮下脂肪，表面光滑、潮濕、細膩，具彈性，富有神經末梢，極其敏感。表面濕潤似黏膜，有豐富的皮脂腺、汗腺。內面呈粉紅色，頂部與外側為褐色。

平時，兩側小陰唇相互交疊，遮蓋並封閉陰道口，防止感染，讓內部濕潤，維持陰道自淨，算是「陰道的門戶」。

小陰唇藏身於大陰唇下，極其敏感，較難侍候，必須格

外溫柔相待。其左右兩側的上端分叉相互聯合，其上方的皮褶稱為陰核包皮，下方的皮褶稱為陰核繫帶，陰核就在兩者中間。

有些女性的小陰唇會下垂，有些從大陰唇中探出，也有的是隱藏在外層的褶皺內。年輕時，若小陰唇比大陰唇突出，乃正常現象，因小陰唇比大陰唇發育得較早。到二十餘歲，大陰唇便開始變大，顏色也變黑、變深，蓋過小陰唇。生產過的女性，小陰唇的色澤可能變得較暗沈。

與大陰唇一樣，每個女性的小陰唇大小不一，平均長度為5～7公分。倘若小陰唇左右不對稱，也是正常。就像人的上下兩片嘴唇，仔細看，也都多少有些不同。

當性興奮時，小陰唇可脹大2～3倍，變得更紅潤、更碩大，也會比大陰唇更敏感。小陰唇喜愛被搓揉，應以適度的力道按摩。

陰道前庭

陰道前庭在陰核下面，介於小陰唇之間的菱形裂隙（前後兩端狹窄，中間寬大），前為陰核，後為陰唇繫帶，表面有黏膜覆蓋。這兒號稱「黃金三角洲」，帶來的美妙性愛感受可見一斑。

具體地說，陰道前庭即打開大陰唇後，所能看到從陰核、尿道口到陰道口之間，由小陰唇包住的範圍。

表面有薄膜遮蓋，用手指將小陰唇朝兩邊分開時，陰道前庭就會出現。當女性的陰部被愛撫、口舔時，這塊珍貴的區域時常被忽略，成為漏網之「愉」。

尿道口

尿道口，位於陰核下方與陰道口之間，為一不規則的橢圓小孔，小便由此排出。

處女膜

處女膜位於尿道口下面，環繞著陰道口，在陰道與陰道前庭之間。它是一層有孔（一孔或多孔）的薄膜，為一不完全封閉的薄膜狀組織，膜形、厚度與大小因人而異。

中央那個孔稱為處女膜孔，僅容一指穿過，月經期間的經血可從那兒排出。在生物學上，並不十分清楚它存在的作用。

古羅馬時期，新婚前的新娘必須放低身子，從雄性神祇雕像的陽具下方通過，才能跟新郎上床，即表示她把處女膜獻給了神。

維多利亞的時代，真的有些妓院打著「處女」招牌，價錢多了好幾成。甚至還擁有自己的醫師，可以幫客戶開立處女保證書。

儘管多數男人似乎還籠罩在處女膜的迷信、情結中，1908年諾貝爾獎得主動物學家梅奇尼可夫（Ilya Ilyich Mechnikov)，卻大力主張「處女膜無用論」。

他指出，處女膜只存在於人類，類人猿就沒有。女性的處女膜，不僅毫無用途，甚至是一種障礙。它就像男性的包皮一樣，只不過是生殖器不調和的部分罷了，會妨礙陰道的清潔，也會在月經來時，形成一道障礙。他大聲疾呼，從處女膜衍生的道德觀真是荒謬滑稽，它是宗教禁慾主義的迷妄，更是藐視女性的封建思想。

儘管，現代人們已經了解，性交不是處女膜破裂的唯一原因，也不再以處女膜檢驗結婚對象，但一股復古風漸漸吹起，有些女人又開始重視起「薄薄的一片」；不過這次動機不同，並非為了給男人完璧之身，而是要享受重新年

輕的感覺。

一些失去處女膜的女性，覺得在原位複製一張，可以再度體驗還是少女的心境，那時情竇初開，慾望乍醒，身體還是鮮美無比。她們就是喜歡這種已經消失許久的感受，甚至願意花一筆可觀的錢，重披戲服，演出「初夜落紅」。

G 點

G點，位於陰道內約5公分的前壁（即靠肚臍那一面）上，常態像一粒豆子，性興奮時會膨脹，面積相當於五元硬幣，摸起來彷彿有點硬度的肉墊。

1950年，此一部位由德國婦產科醫師Ernst Graefenberg發現，故以其姓氏命名。

當女性未達到興奮狀態時，海綿體放鬆，G點不太容易摸得著。一旦興奮後，海綿體充血腫大，手指深入陰道內，做出「過來」的勾指動作，就可在陰道前壁上摸到G點了。

雖然有許多婦女宣稱，觸磨G點能帶來高潮，甚至還會「射潮」——從尿道噴出透明的液體（類似男性的攝護腺液）。但是，並非所女性都能感覺G點所帶來的高潮。

有些女性射潮少量，有些則汁液湧現。正如女性幫男性口交會遭逢的吞精問題，此時口交的這個人也同樣要決定「吃或不吃」。如果不想吃進去，可以用預備的衛生紙或毛巾，技巧地吐出，或暫停口舔的動作，改用手指或情趣用品，一路相挺，直到她完成高潮。

即便是能享受G點高潮的女生，其喜歡被愛撫G點的手法也不同。有的偏愛以指頭用力頂，有的偏愛溫柔地轉圓圈，有的偏愛以指尖來回地挑，均有賴自己與伴侶多實驗，找出最適合的高潮途徑。

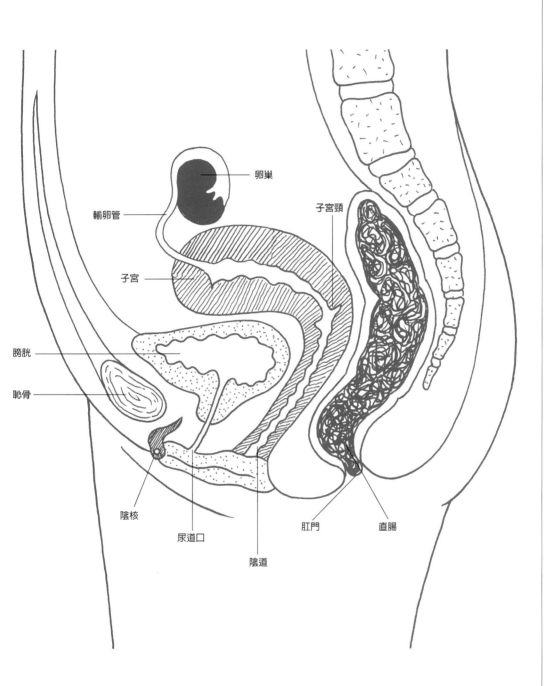

卵巢

輸卵管

子宮頸

子宮

膀胱

恥骨

陰核

尿道口

陰道

肛門

直腸

巴氏腺

巴氏腺位於大陰唇後方，開口在小陰唇與處女膜之間的溝內，如黃豆大的圓形或卵形腺體，左右各一。它相當於男性的尿道球腺，性興奮時，會分泌黏液，潤滑陰道。

球海綿體

球海綿體是一對海綿體組織，有勃起功能。它位於陰道前庭兩側深部，前與陰核靜脈相聯，後接巴氏腺。它是由白膜包繞的靜脈叢構成的海綿樣結構，呈馬蹄鐵形。

球海綿體可感受心理與來自外陰、陰核刺激產生的連鎖反應，而充血隆起。

子宮

子宮是女性的重要生殖器官，為產生月經、孕育胎兒的場所，號稱「孕育生命的搖籃」。

它位於骨盤腔中央，前後略扁，呈倒置的西洋梨形；前鄰膀胱，後毗直腸。它由平滑肌構成，壁厚腔小，富於擴展性。其形狀、大小、位置及結構，隨年齡而異。

成年女性的子宮重量約為50克，足月妊娠可增至1000克，增為原來的20倍，脹大如排球。

子宮頸

子宮頸位於子宮下端，其內腔呈圓筒形，長約3公分。它分為內、外兩個口，內口與子宮體相連，外口通向陰道穹隆部，亦即連結子宮與陰道。

它是精子通過的第一關，黏液的分泌隨著月經週期改變，在雌激素的作用下，子宮頸黏液變得稀薄，有利於精子穿過。在性交高潮後，子宮頸口會往陰道方向下沉，使精子更易進入子宮。

卵 巢

卵巢是產生卵子和分泌女性賀爾蒙的器官，左右各一，位於骨盆腔內子宮的後側方，是一對扁橢圓形的性腺，體積如一粒大顆的杏仁。

卵巢在女性一生中占著極其重要的地位，影響女性的身材、容貌、生育。正常狀態下，成年女性一個月排一個卵；月經前14天左右開始排卵，女性一生中排卵約400個。

輸 卵 管

輸卵管位於子宮兩側，為一對細長而彎曲的管道，內端連接子宮，外端開口於腹膜腔，長約7～13公分。

其功能為精子和卵子的運行通道，也是卵子與精子匯合受精的場所。

男性生理構造

看得到的部分：
男性外生殖器

陰莖體

陰莖，係由陰莖頭（龜頭）、陰莖體（陰莖桿）、陰莖根組成，因為陰莖根在體內，所以一般所說的陰莖，多指外露的龜頭與陰莖體兩部位。

陰莖的皮膚光滑而薄，具有極佳的伸展性，才可支援勃起時的體積脹大，也擁有豐富的神經末梢，很容易接收到性的刺激。

陰莖體呈圓柱形，由兩條陰莖海綿體、一條尿道海綿體組成。陰莖海綿體與動脈、靜脈直接相通，當性興奮時，血液進入海綿組織大量充血，使陰莖增長變粗並堅挺。

每位男性陰莖的大小、形狀、顏色、重量均不同。陰莖勃起後，若朝某一個方向不同程度地彎曲（向左或向右），除非彎得很厲害，不然皆屬正常。根據觀察，慣用右手者，陰莖右側的海綿體發育較快，所以陰莖多向左彎曲。

陰莖勃起後的角度也差異很大，有的一飛沖天，站立時直指天花板；有的直挺挺，與身體呈90度；有的則呈下垂狀。最常見為70度～120度間的勃起狀態。硬度越大者，上揚的弧度便越大。

陰莖尺寸是許多男性最關心，往往也是最在意的焦點。多數男人被迷思誤導，渴望擁有巨大的陰莖，認為它是性能力的表現，而女性需要越長的陰莖，才越能感到滿足。但許多女性在性方面最在乎的，通常是雙方能否溝通、配合，很少取決於陰莖大小。

陰莖的長度有兩種，一是正常時的鬆軟狀態，另一是勃

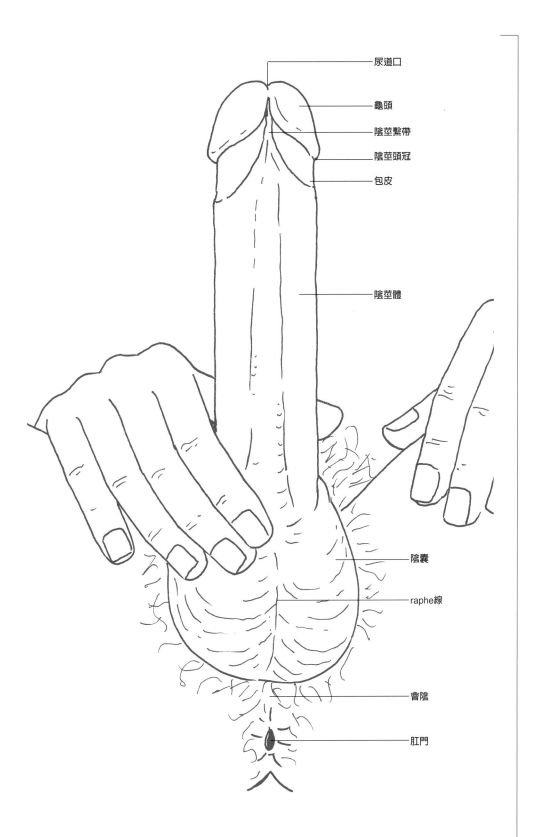

尿道口

龜頭

陰莖繫帶

陰莖頭冠

包皮

陰莖體

陰囊

raphe線

會陰

肛門

起時的堅挺狀態。男性所關切的「陰莖長度」為勃起時的長度，係從恥骨與陰莖接觸處丈量起，直到龜頭頂端。

平均陰莖到底有多長？歷來中西的各種版本說法不一。高雄榮總泌尿科簡邦平醫師調查，台灣地區男性平均陰莖勃起時的長度為11.2公分。中國醫學科學院劉國振教授對1000位現役軍人測試，公布無勃起狀態的陰莖平均長度為6.55公分。六○年代，根據金賽調查，白人男大學生的平均陰莖勃起長度約15.6公分。

但能確定的是，陰莖大小與身高、體重、體格無關，傳說從鼻子、耳朵、手與腳可推測陰莖長度，皆毫無根據。

龜頭

龜頭位於陰莖的頂部，比陰莖體密布更多的神經末梢，是男性器官最敏感的部位。大多數男性射精，都是因為龜頭受到連續刺激所致。

每顆龜頭的顏色不一，以東方男性而言，主要有玫瑰般粉紅色、摩卡咖啡般淡棕色、巧克力般深棕色，但之間仍有相當寬廣的深淺變化，如偏多一些的紅、紫或黑。

未割包皮者的龜頭，因經久受到包皮覆蓋，多為粉紅色、細嫩光滑、潮濕，宛如口腔的濕滑內壁。而包皮已割除者的龜頭因常與衣物摩擦，故較為乾燥，皮質也顯得較厚。未割除包皮的龜頭，比包皮已割除的龜頭更加敏感。

龜頭形狀也不一樣，雖然大多皆圓滾滾如磨菇狀，還是有弧度上的差別，有些較細長，有些較圓肥，另外，也有些則呈尖頭狀，或平頭狀。有些龜頭長得比陰莖柱碩大許多，格外像一支棒棒糖。

龜頭下方外緣與陰莖體銜接之間，有一圈突出的溝狀，叫做「陰莖頭冠」（corona或coronal ridge），亦稱「陰莖冠」、「冠狀脊」，是整根陰莖最寬的部位。此處非常敏

感，可謂男性身上性愛戰場的第一級戰區。

陰莖繫帶

陰莖繫帶，又稱包皮繫帶，為包皮與尿道口相接處的一條帶狀物，通過龜頭正下方心字形的位置；包皮與龜頭就是靠著它相連。這兒是男性最敏感的神經韌帶組織，所以性的敏感反應最為強烈。

通常陰莖繫帶富有彈性，可隨陰莖的勃起而伸長。假如包皮的長度足以覆蓋住龜頭，就必須先將包皮捲下，才可看見陰莖繫帶。有些男士陰莖繫帶太短，在做愛與口交時都需小心，以免過分拉扯，引起疼楚。

尿道口

尿道口位於龜頭頂端的開口，俗稱馬眼，功能為排放尿液、精液。

有些男性喜歡以異物，如筆心、鐵絲、塑膠管等插入尿道內，碰觸到膀胱，製造特殊的刺激快感。但常因無法取出，不得不就醫，成為社會新聞頭條人物。

包皮

包皮，指覆蓋住龜頭的那一層皮。

先天上，每個男嬰都長有包皮，但因後天因素，譬如在西方，基於宗教教義與衛生考量，不少男嬰的包皮即被割除（宗教上稱為「割禮」，多發生在男嬰受洗時）。以美國為例，估計約三分之二男性的包皮都已割除；國人沒有這方面的文化背景，所以我國男性保有包皮者居多。

在一般狀況下，包皮可以很輕易地從龜頭翻捲下來，但也有些男性的包皮過長、太緊、開口小，難以翻捲，密合地裹住龜頭影響其發展，使龜頭的周徑比一般包皮較鬆者

小；若用力翻捲、做愛時可能造成疼痛，即所謂的「包莖」，醫師通常會建議進行包皮環切術解決包莖問題。

如果有割除包皮，龜頭即外露。未割包皮者，則有兩種情形，包皮長的會覆蓋住整個龜頭、包皮短的大概包覆住一半左右的龜頭。

有的包皮過長的話，就會在蓋住龜頭後，還多出一層皺巴巴的軟皮，外貌有些像吹氣球時打結後的那個吹口。

男性若仍存有包皮，底下因有皮脂累積，易藏污納垢，俗稱包皮垢，必須時常清洗，保持乾燥清潔與良好氣味，對口交才有正面效果。部分女性不喜為男性口交，便和包皮下的衛生狀況有關。

陰囊

陰囊是懸吊在陰莖下方的一個袋狀物，主要功能在容納、保護睪丸。

陰囊因布滿神經血管，對外界刺激很敏感。其外觀是一張有皺紋狀的皮層，薄而柔軟、具彈性。雖然看起來只是一張皮，卻由多層組織所構成，自外向內分別為皮膚、肉膜、包被睪丸和精索的被膜。

陰囊內的睪丸連接精索（由輸精管、睪丸動脈、小血管、神經叢組成），這就是為何用手觸摸時，除摸到皮層下的蛋形睪丸，還會感覺摸到彎彎曲曲像管子狀的東西。

當天氣變冷或氣溫下降時，陰囊會自動增厚而縮起，呈現橘皮狀，目的在使睪丸接近身體，受到體溫保護。陰囊遇冷而縮，之所以產生許多皺紋，就是為了減少散熱量（所有男人剛從泳池爬起來，底下都是縮成兩粒乒乓球）。

當天氣變熱或氣溫上升時，具有豐富汗腺的陰囊即會鬆弛，擴大散熱面積，並且下垂得更低，讓睪丸盡量遠離身體。夏季時，男性的陰囊常有潮濕現象，就是在排汗，調

節溫度，故有「睪丸的恆溫箱」之稱。這種現象，日本札幌醫科大學的熊本悅明教授比喻得妙，他說：「宛如把球放入肌肉的網袋中，掛在風涼的窗外似的。」

情緒也會影響陰囊的縮放，例如緊張時，陰囊便會提升。棒壇上就流傳一則軼事，某位知名教練在投手上場前，都會摸摸投手的胯下，如果是緊縮的情形，表示他沒有把握投好球。

從外表上看，陰囊的正中線上有一條縱行的縫（raphe），彷彿將整粒陰囊區分為二，這是胚胎發育時留下的痕跡。有人將這條線稱為「R區」，認為它與女性的大小陰唇一樣敏感。整顆陰囊以這條線的周邊附近最敏感，在性愛過程中，即應沿著它舔、摳、搔，感受尤其強烈。

每位男士陰囊下垂的程度不同，有的鬆軟，像兩只鐘擺垂落，睪丸落在最底端，呈現的蛋形十分明顯。有的陰囊緊縮，像兩粒網球，結實地連在陰莖下方。

多數男性的兩側睪丸下垂的高度都不一樣，根據1996年《Men's Health》雜誌調查，85%男性左邊的睪丸下垂較低。不管慣於使用左手或右手者均是如此，所以，一些經驗老道的裁縫師傅在縫製褲子時，都會把左側的褲襠預留得寬鬆一些。

陰囊的顏色從棕色透紅到黑褐色都有，但一般均顯得較黑，是受到性激素的影響，使皮膚的黑色素沉澱。它有可能與陰莖的顏色相似，也可能較深暗，尤其皺褶處的顏色更黑。

陰囊的表皮上分布顆粒狀毛囊，像是荔枝的內層皮，長有稀疏捲曲的陰毛，但也有些男性陰囊上的毛非常茂密。

除了氣溫，陰囊也會因性興奮而縮放，例如當接近射精時，陰囊便會緊繃而內縮，使睪丸提起，避免在性行為動作中受到傷害。

以上所提的陰莖體、龜頭、陰莖繫帶、包皮、陰囊通稱為男性性器官。它們就跟臉孔與指紋一樣，每個人都不一樣。形狀、大小、粗細、顏色、軟硬均因人而異。《素女妙論》中的〈大小長短篇〉，對此有神來之筆的描述。

帝問曰：男子寶物，有大小長短硬軟之別者，何也？
素女答曰：賦形不同，各如人面，其大小長短硬軟之別共在稟賦，故人短而物雄，人壯而物短，瘦弱而肥硬，胖大而軟縮；或有專車者，有抱負者，有肉怒筋脹者……

因此吾等「不能以性器取人」；也就是說，不應從外觀去推測男子在性方面的反應和表現。

看不到的部分：
男性內生殖器

男性生理結構在看不到的部分，亦即體內器官，有兩處與性愛的實際行為關係最為直接密切，即睪丸與攝護腺。

睪 丸

睪丸，正常為一對，位於陰囊內，各居左右兩邊。平均約4～5公分長，2.5～3.5公分寬，10.5～14克重。最近，它因台語發音的「LP」而聲名大噪。

睪丸為橢圓的卵形，具有製造精子、雄激素的功能，因此又稱「精子工廠」。男孩一般在12歲左右睪丸開始增長，青春期起，睪丸開始有造精功能。18歲以後，差不多達到成人睪丸的容積。

正常的睪丸摸起來硬韌，且有一定的彈性。它具有豐富的神經分布，所以對外力的碰撞相當敏感，一旦受到壓迫，便覺痛不可當。

在口交過程中，這一對嬌嫩的寶貝可得好好呵護。許多男士喜歡睪丸被舔弄、把玩，但完全禁不起略微施力，抓、擰更難以承受。

所以在愛撫睪丸時，務必注意使力的大小；口交時，也要避免用力吸，或以牙齒咬，除非雙方在事前約定，想製造疼楚的刺激感。人們親暱地稱睪丸為「蛋蛋」，就是提醒它們跟蛋一樣，需要小心翼翼對待。

睪丸的溫度需維持在35℃，比體溫略低，有利精子生長。如果想要生育的男士，應避免使睪丸處於過熱的環境，如常泡溫泉、熱水澡或穿過緊的內褲，都會影響睪丸散熱。

雄激素，也就是睪丸酮（男性賀爾蒙），可以促進男性生殖器官的生長與發育，並製造第二性徵，如骨骼粗壯、喉結突出、聲調低沈、生長鬍鬚、肌肉發達、皮膚增厚等。

因此，睪丸常跟男性雄風扯上關連。上海話才會以「儂只一個卵」罵人，意指「你只有一顆睪丸」，侮辱對方不算真正的男子漢。不過，千萬勿以睪丸大小評斷一個男人的雄性氣質，此說毫無根據。

在同一年齡組裡，每個正常成年男子的睪丸大小都不同，即使一個人的左右兩側睪丸體積也不盡相同。據統計，右邊的睪丸平均略大於左邊。除非一邊睪丸格外小，否則無須為兩邊不對稱而擔憂。

睪丸最早位於體內，在胚胎發育的第九個月，才逐漸經由腹股溝管下降到陰囊。但睪丸有時也會回縮至陰囊上方，以致在陰囊內摸不著。這種現象叫做「睪丸上提」，係因長在睪丸周邊的薄薄一層「提睪肌」當遇冷或遇熱時，即產生收縮或鬆弛，便會影響睪丸的位置。

當提睪肌收縮時，造成外觀上看似睪丸自行移動，叫做「睪丸蠕動」，亦屬正常現象。

info

在美國、加拿大，常將牛睪丸做成菜餚，為它取了不少別稱，如「牛仔的魚子醬」、「穀倉的珠寶」、「農場之蠔」。在美國中西部、加國境內的許多鄉鎮，甚至發展出「睪丸節」（Testicle Festival），在每年秋季舉行，品嚐牛睪丸烹飪成的各式美味。如蒙大拿州的克林頓市（Clinton）去年就耗掉2.5噸的牛睪丸，製成鮮味，招待來自各地的一萬五千名觀光客。在睪丸節中，人們除了享受美食醇酒，還有女性穿濕T恤，秀出雙乳的比賽，男士則是比賽誰的毛胸膛最性感。當地人表示，這證實了吃牛睪丸有發情的效果。

攝 護 腺

攝護腺，又稱做前列腺，位於骨盆腔內，在直腸前端、膀胱下方，包圍著尿道，後有輸精管穿過。它是男性體內一種特有的性腺，女性則無。

攝護腺為二葉瓣，呈栗子形狀，重約20克。在男性射精時，攝護腺會分泌出一種乳白色液體，成為精液的一部分（占20%～30%），功能在平衡酸鹼度，維持精蟲的生命力與行動力。

攝護腺有「男人的G點」之稱，表示它帶給男性的快感，就跟位於陰道內的G點帶給女性的快感一般。主要係靠外力觸磨攝護腺，而產生性興奮。

從外觀上，無法看到攝護腺，但如男士仰躺，雙腿曲起張開，以手指伸進他的肛門，經由直腸大約5公分處的上緣（朝肚臍的方向，而非背部），就是攝護腺所在。

摸觸時，稍微使力一頂的話，會感覺該處有點結實，微微隆起，男性能因此產生快感。當處於性興奮（陰莖勃起）時，攝護腺會比平常脹大，更容易摸觸。

男性還有一個特殊位置，叫做「攝護腺點」（prostate point），從體外可觸碰得到，並引起快感。它位於會陰部的中央，若以外力輕輕頂住該處，向內施壓，會擠迫到攝護腺而有快意。

過去，男性對攝護腺的觀感多為負面，例如攝護腺肥大、攝護腺癌，在男性人口中罹患的比例不低（多發於50歲以上）。但隨著醫學與性知識漸漸普及，男性開始對這個器官有了新的認知，也了解到它能在性愛中發揮的妙用。

基於衛生顧慮及傳統的男性自尊，以往男人鮮少將肛門與性快感連結。但近年，男性們逐漸體會出肛門快感，從事肛交（被插入者）、舔肛、以手指或異物（情趣用品）插入肛門的性行為有增多趨勢。而所謂的「肛門快感」，乃拜

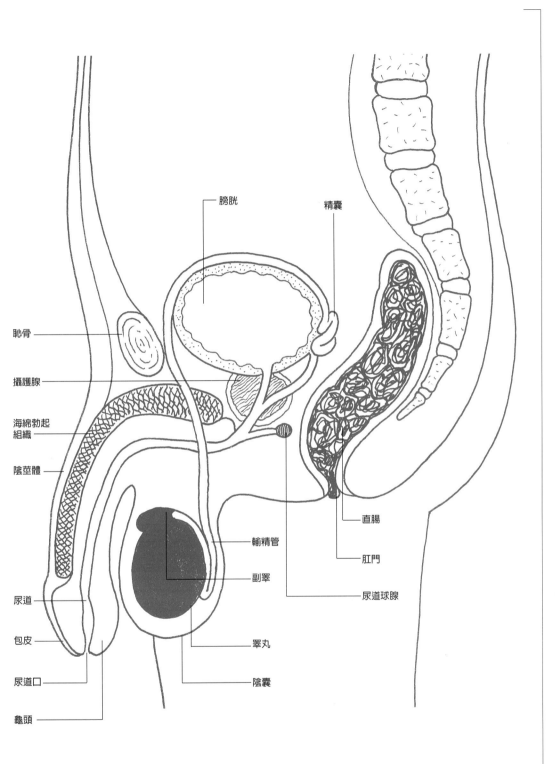

膀胱

精囊

恥骨

攝護腺

海綿勃起
組織

陰莖體

直腸

輸精管

肛門

副睪

尿道

尿道球腺

包皮

睪丸

尿道口

陰囊

龜頭

攝護腺所賜。

　　想刺激攝護腺產生性快感，可以用手指、陽具、情趣用品（如按摩棒與假陽具，目前市面上也有專門針對攝護腺而設計的用品）插入肛門內，直接正面擊觸。

　　通常陰莖的高潮都只出現於一次射精中，但攝護腺所帶來的高潮可以連續不斷。因攝護腺在受刺激下，會產生接近射精的快感強度，但不會真正射精，所以感覺類似女性高潮，一波接一波。

　　這種情形叫做「攝護腺擠奶」（prostate milking），常被使用於SM遊戲中，當男性是受宰制者的角色，被主宰者不斷刺激攝護腺，瀕臨射精，又不允許射精，達到高潮與折磨的雙重快感。

　　這幾年間，西方社會的按摩圈裡，為男士提供攝護腺按摩的服務越來越受歡迎，認為既可預防攝護腺肥大，又可享受快感，可謂一「舉」兩得。

海 綿 體

　　海綿體是陰莖內一鬆軟海綿狀的組織，由許多交織成網的竇狀隙所組成，內有豐富的血管竇，外被堅韌的白膜所包繞。當陰莖勃起時，海綿體內的血流量可增加2.5倍，使陰莖充滿80～200毫升的血液。

輸 精 管

　　輸精管為一細長的管道，長約40公分，左右各一條，主要功能在輸送精液。輸精管一端與副睪管相連，另一端與精囊腺管匯合，形成射精管。

尿 道

　　尿道位於陰莖內，為尿液和精液的共同排放通路，長約

20公分，呈乙字型曲線。

尿 道 球 腺

　　尿道球腺為一豌豆大小的腺體，位於會陰深囊內。當陰
莖勃起時，尿道球腺受到擠壓，會分泌少量的透明黏液，
可產生潤滑作用，有利精液射出。

第 4 章

—

搞定男女的口交技巧

女性技巧篇

快火男性 vs. 文火女性

在英文口語中，口交被稱作「quickie」，意指速戰速決，趕快玩完，發洩了事。人們常因礙於時間、場地限制，來不及吃「性交」這道主菜，就改把「口交」當前菜，啾啾兩三下，圖個裹腹。

與性交比較，口交確具有便利、快速，以及能彈性調整規模、配合條件的諸多好處。

既然口交有快速之便，對於慾望來去匆匆的男性當然得利；而對慾望蒸騰本來就比較慢的女性，就不免吃虧。

一場好品質的口交，就像好品質的做愛，也需要氛圍的醞釀，加以暖身催化。除非真受限於時空因素，不得不「囫圇吞棗」，否則最好還是點個「全套口交」大餐，慢慢享用才過癮，女性也較能樂在其中。

所謂「全套口交」，係指不要一開始便直取要塞，把嘴巴黏上性器官，而是先由其他可以製造愉悅的身體部位著手，帶動全身熱情。

女生常抱怨男伴不夠體貼，多因他們一上床就急著打出全壘打「奔回本壘」，而不肯花時間在各個壘包附近「多打幾支安打」、「逐步推回本壘得分」。

男性的身體對性的刺激十分直接，幾乎可在瞬間產生生理反應，就像「點瓦斯爐」，只消將開關啪地一轉，自然生起火。女性則不然，彷彿「鑽木取火」，需要費點時間與功夫逐漸加溫，待升到燃點後，才有火苗竄出。

所以諸位紳士們，請體貼女性的身體熱情乃「文火燉雞湯」式，口交前多花點時間與精力照顧她的性感帶。

總之，為女性口交，有一句金玉良言：上路前，她們需要「熱車」。

主要而言，女性所喜愛的前戲包括以下動作：

● 親吻舔弄：親吻嘴唇，有時輕咬或輪流吸住上唇、下唇。或讓兩舌在唾沫中勾纏，展開法國式的濕吻。也可以吻至耳根、耳後、耳垂，或將舌尖伸入耳朵。舔耳、對著耳朵噴熱鼻息，甚至輕柔地以牙齒作勢咬耳，發出動物性的低吼聲，也頗能讓女性銷魂。

往下舔弄、輕咬奶頭；舔吻或愛撫大腿內側；別忘了親親小腹，尤其別忽略肚臍眼，與肚臍下方的小腹地帶。

● 按摩愛撫：先做一些舒緩筋肉的按摩，讓身體放鬆；然後手法漸漸轉變為調情式，例如以指尖輕輕在皮膚上游動，或針對重點部位展開愛撫，使身體進入引燃狀態。

● 甜言助興：適度地以挑逗的話當開場白，是一場精彩床戲的好的開始。話語中帶點鹹濕、帶點撒嬌、帶點要脅、帶點逗弄，甚至無厘頭亦無妨；或耍賴式的撒嬌。台詞可自行編撰，必要時也可參考A片。

若實在講不出口，可以用一連串無語義的呻吟，如「嗯」、「哼」等製造撩人聲息。

● 脫衣挑逗：脫衣，在視覺上相當煽火。別以為只有男人享受看脫衣的挑逗，有些女性受到脫衣舞撩撥的程度可能超乎你意料之外。不要害羞，沒有幾個人有辦法跳出太專業的樣子，這不是在裁判面前上場競技。

● 特殊觸磨：這一招可謂口交之前最惹火的臨門一腳。男方可將陽具夾在她的雙乳間上下摩擦，也可用龜頭在其奶頭上撥弄，很快就能刺激對方的身體進入興奮狀況。

所有的前戲動作，本身都具有自己的快感，但它們還有一個共同的箭頭指向：激發她的陰部慾望上漲。

目標：大陰唇

抿口紅

此一動作的要訣，就是將雙唇略往內抿，好像女生在抿口紅那般。

你的身子與她的身體呈垂直狀，如她躺著，你則跪在她身旁，形成直角。低下頭去，以雙唇含住兩片大陰唇，嘴巴用點力，將大陰唇連同裡面的小陰唇擠壓。因為，一抿下去的壓力能造成受迫感覺，會使大陰唇產生快感，也可帶動小陰唇的爽勁。

為了讓大陰唇比較容易被雙唇含住，也可動用雙手，將大陰唇的上下部分微微拉起，好像抓住一粒水餃的兩端，使中央的壓餡皺紋撐起，方便雙唇緊抿。

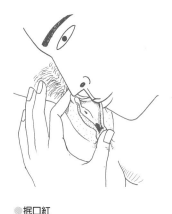
●抿口紅

五味雞

一般而言，大陰唇的敏感度比不上小陰唇。多數女性可以享受大陰唇被輕咬，感覺有點爽快，但可能無法承受小陰唇被咬。除非女性提出要求，不然咬的這種樂趣，還是僅保留給大陰唇就好，小陰唇或許「無福消受」。

大陰唇不僅耐得住咬，也頗能禁受舔、吸、含、磨，以上五種嘴唇與牙齒的組合，能產生「五味交集」的滋味，稱之為「五味雞」，恰如其分。

使用這五種口交的方式，她需躺著，盡量將雙腿打開，或屈膝，使大陰唇外張。也可在她臀部下放置枕頭墊高位置。你則蹲跪、俯臥在她的身旁，這樣一來，她的陰唇方向與你的嘴唇平行。

啓開你的口，先對一邊的大陰唇下功夫，或咬，或舔，或吸，或含，或磨。完成了一邊，再調換個方位，侍候另一邊的大陰唇，也是咬、舔、吸、含、磨五味調料。

●五味雞

tips

女性的大陰唇有時會長得比較偏內側，口交時，最好能將該處的陰毛往外壓順；否則，舌頭若一直刮磨到陰毛，會引起敏感的小陰唇不舒服。

舐雪糕

翻開大陰唇後，露出小陰唇。

伸出舌頭，將舌面攤平，變成一塊扁狀的肉片，由下而上，在小陰唇的兩片瓣肉上頭搓磨，彷彿正舐著快融化了的一支雪糕。

或者，以你舌頭的背面（質地與舌頭平滑的正面完全不同，自然另有一番趣味），柔軟地、溫和地左右摩擦她細緻的小陰唇。

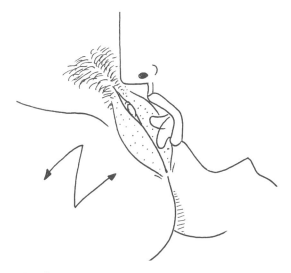

●舐雪糕

閃電法

讓大、小陰唇保持自然的方式，即閉合狀態，不將之撐開，也不使之湊緊。伸出舌頭，自大陰唇底部蜿蜒而上。舌頭的姿勢由左而右，再由右而左，一來一返，宛如天際出現的一道閃電狀「Z」。

●閃電法

因為是大、小陰唇一塊勾舔，有時可故意讓舌尖穿越外圈的大陰唇，而舔入到小陰唇，甚至刻意舔到陰核。

聽過蒙面俠蘇洛的故事嗎？他習慣手持長箭，刷刷刷兩三下，左右一揮，就將對手的衣襟劃出一個「Z」字。當你的舌頭也同樣左右開弓，這樣一路峰迴路轉上去，就成了伊人最賞識的英雄了。

深谷縱走

如果把大陰唇比喻為一座隆起的山脊，那麼它與小陰唇銜接之處，有點凹鑿下去的地方，便彷若一條縱谷。在這縱谷裡，藏著許多敏感的神經，可說是一條藏有豐富寶物的礦脈。

把舌尖當作帶頭的導遊，伸進這條縱谷底，沿路磨，或來回磨，不時也磨到旁邊小陰唇的肉瓣，勤快一點的話，很有機會挖到寶——她那軟綿綿的珍貴嬌喘。

提醒你，「撥開大陰唇，再舔小陰唇」的感覺，與「不撥開大陰唇，直接將舌尖穿越大陰唇，伸進去舔小陰唇」的滋味相當不一樣，不妨試試！

如果你能在不撥開大陰唇的情況下，以舌尖一路鑽進兩片肉中間，不僅舔到小陰唇，也舔到了陰核，那好像將手探入密密的草叢中，一次尋到兩個寶，忒有意思呢。

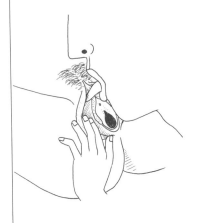

●深谷縱走

目標：陰核

女性最爽快的熱門點位於陰核，因此許多口交技巧都圍繞著陰核發展，形成各種組合。

記著，她的陰核是最亮的一顆明珠，需要你的唇舌殷勤擦拭，才能發出璀璨的光暈。

滾櫻桃

在討好陰核的所有動作中，必備的一項是以雙手的中指、食指，把外陰唇往兩旁撥開，露出位於尿道口上方的陰核。

找到目標物後，伸出舌尖，在陰核頭的表面以順時鐘方向轉動圓圈。頻率可固定，也可忽快忽慢，端看主人喜愛。但在進入接近高潮時，舔弄的頻率就要維持一樣頻率、強度的刺激，才能累積爽勁。

舔的過程中，假想這粒陰核是一顆多汁甘甜、紅豔似火的櫻桃，你正用舌尖滾動它，以吸取表面的特有甜味；也別忘了將舌尖舔入覆蓋著的包皮，通體將櫻桃洗滌一番，包準她渾身元氣！

●滾櫻桃

磨珍珠

伸出忠心耿耿的舌尖，對著陰核，像舔冰淇淋一樣，由下而上，觸磨那粒櫻桃小丸子。

剛觸到陰核時，舌尖彷彿在探視水溫，以蜻蜓點水的方式輕碰陰核，小口小口地頂著陰核，撩得她心癢。

等情緒一切就位了，動作便可擴大了：舌尖盡量往外探，變成舌面，讓整片舌頭都抵住那粒女性蠔中孕育的珍珠，可稍微用力地磨，好像在用舌面舔著一根扁而圓的彩色棒棒糖。

這個動作是讓舌尖上場演主秀，對著陰核從小口的舔舐，到大口的磨滑，有點大宴小酌通吃的意味。

●磨珍珠

啦啦歌

這個動作是要舌頭不斷地快速撥弄，宛若我們在唱歌，哼著「啦～啦～啦」時，舌頭飛快地在口中上下拍擊。

舌頭拍擊的對象，當然還是陰核的頭部。當舌尖一掀一

●啦啦歌

落地撥著她的「樂器」，她也會回以一段美妙的呻吟之歌。

同樣地，發揮想像力，當你以舌尖挑撥她那楚楚可人的陰核，簡直像是撬蠔人那雙熟練的手，懂得壓住那處的蠔蓋。宛如起子的舌頭一敲，就能讓蜆肉袒露，珍珠畢現，保證讓她神魂顛倒。

吸奶頭

先掰開她的兩片外陰唇，露出鮮美如菇的陰核。這時把口張開，以雙唇含著她的陰核，力道不鬆亦不緊。

舌頭則往後縮，暫時一邊涼快去，這一招沒它的戲份，只有雙唇演出。

你以嘴唇磨著她的陰核，除了雙唇所圈起的溫熱會不斷滲透到陰核中，雙唇內特有的細軟肌膚，也會使陰核受到上賓禮遇。然後，展開像吸奶的吸吮動作，彷彿裡面有豐美的乳汁。

●吸奶頭

挖香瓜

舌尖開始往內延伸，尋探陰核所在。

以杓子挖香瓜果肉的手法，亦即舌尖伸向前，抵到陰核的底部後，像個剷子，往後倒勾（舌頭的動作，好像食指做出「過來」的手勢），連續為之。

當你前後以舌勾動著陰核，有時吸吮，有時輕含，滿口生津。

口罩陰戶，漸漸吹拂熱氣，蒸騰陰戶表面，能助益「乾草回春」，使局部血液囤積發脹。

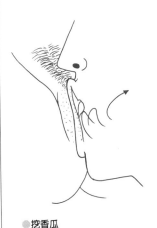
●挖香瓜

有人在家嗎？

先以雙手將大、小陰唇撥開，露出桃花源。

以舌尖在陰道口的表面轉圓圈，溫柔地多轉幾次，偶爾略略地似進非進地，彷彿試圖要頂進陰道口，但只是虛晃一招。

這樣反覆地舔，直到那兒的潮濕度足夠了，才將舌頭挺得筆直，宛如一根小陰莖或情趣玩具，頂入她的陰道口，前後一進一退，來回穿梭。

這個以舌尖叩關的動作，好像在敲門。但你們也可以把它想像得更浪漫一點，當作是先生下班後踏進家門，輕喊一聲：「親愛的，我回來了。」

舌頭若伸直往陰部內頂觸太久，有時會產生反嘔的感覺。這是正常現象，只要將辛勞的舌頭縮回，讓嘴唇代勞，如親吻、以唇摩擦陰部即可。或者，在不動聲息間，改用手指取悅。

這時千萬不要因舌頭酸麻，而停下任何吸舔動作，這會使她的快感中輟，徒呼負負。

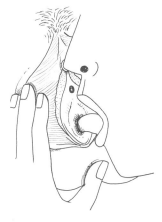

◎有人在家嗎？

哈熱氣

你的整張嘴罩住她全部的陰部，做出哈熱氣的動作，熱氣息自然會源源地滲透入敏感的肌膚，使她暖意陡生，感覺酥麻（千萬勿將空氣吹入陰道）。

◎哈熱氣

ABC教學

以整張嘴罩住她的陰部後，伸出舌頭，開始書寫從A到Z的26個英文字母。

書寫每一個字母時，務必讓舌尖都有機會掃過陰核。尤

◎ABC教學

其當寫到弧度較大的字母時，像是「B」、「M」、「Q」、「R」時，更是非要讓她呻吟出一個大大的「O」不可。

吃大餐

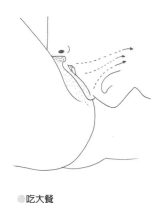

◉吃大餐

　　將嘴巴張大，覆蓋住陰部，彷彿「肚大能容」，有種要把食物吃個精光之勢。當然，吃相不能難看。

　　方法是以口腔蓋住陰部後，將大陰唇、小陰唇、陰核，一併往肚子裡吸。在吸的過程中，可在口中以舌尖摩擦接觸面積最廣的大陰唇。

　　當這三個女性最敏感的性器官都被吞入口中，又有一股源源的吸力，彷彿在做舒服的按摩。口中的唾液越多越有滋潤效果。

　　女性會感覺好像整個下體要被吸進去，正如英文所說的「let it go」（放手吧），既興奮又有點些微的驚恐。

目標：會陰

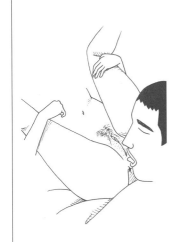

　　刺激女性的會陰，有三種方式：

●掃落葉：以舌尖單純地在會陰部位來回地舔，彷彿在清掃地上的落葉。

●吸奶嘴：以雙唇罩住會陰，不斷吸吮。舌尖微微抵觸會陰，隨著吸吮，會不斷地搔到該處敏感的神經。

●一字訣：除了吸舔會陰之外，還可以包括刺激性器官。例如，舌頭從會陰出發，一路往上舔，滑過大陰唇。舌尖稍微用力往陰唇內挺，最好能舔到陰核。這叫做「一字訣」，一筆畫上天入地。

　　因為從會陰起，由下而上，舔到陰核為止，是一條「快樂公路」。舔的頻率可自行調整，快或慢都自有不同感受的刺激。

女性比男性更喜歡陰毛被嘴巴耙梳、舔舐的感受。

首先，可以用口蓋住陰毛地帶，哈幾口熱氣；或者嘬起嘴巴，以吹口哨般的口型，對著株株陰毛吹涼風。這樣，會製造輕微的發麻滋味。

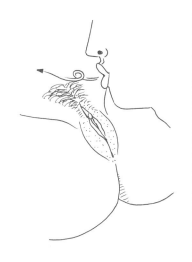

在嘴巴出馬之前，可遣鼻子先行。以鼻頭抵住她的陰阜，揉著陰毛，一邊做出猛嗅狠聞的架勢，彷彿要把那兒的氣味一吸而光。

這個「霸王硬要聞」的動作，會使她下體因畏懼發癢而想要縮躲，整個胯部會左閃右移，累積一股蓄勢待發。

這時，美妙的情人——舌頭才登場。以舌尖在陰毛叢中繞圓圈，持續打幾個轉，讓陰毛糾成集中的幾撮，使底下的陰阜肌膚更多露出，以便直接觸磨到舌尖。

在舌尖挑弄、觸磨下，陰阜因此產生酥麻。

進階班的人，還可以使出一招。以門牙和下排牙齒輕咬住她的一小撮陰毛，微微向後拉，使她的陰阜有一陣輕微的刺激。但千萬不要將陰毛拉得太用力，偶爾刺刺的感覺是美事，可是一旦痛就不好玩了。

請 跟 我 來 ！

G點位於陰道內壁，有人將之稱作「隱藏的女神」，但應該沒有人的舌頭有那麼長，可直抵花心去膜拜，所以必須以手指探入花叢。

伸出一根食指（或中指），塗抹潤滑液後探入陰道，在朝向肚臍眼的方向大約5公分的位置，有點圓塊狀的微腫處，即G點。

也可用兩根指頭，即食指加上中指，緩緩伸入陰道內，

碰觸到G點所在，做出勾往自己方的動作，彷彿是在說「請過來」，並以指尖輕揉那塊微隆處。

在以手指愛撫G點的同時，也可低下頭用舌舔陰核，造成內外夾擊。此刻，哪個女人不因此豎白旗、全身酥麻地投降，宛如嬌滴滴地說「人家不來了」呢？

目標：肛門

肛門周圍富有靈敏神經，被柔軟濕潤的舌頭磨觸、舔弄，自然能製造快感。

心理上，肛門極其私密，甚至超過性器官，能被對方的口舌直接舔觸，對某些人來說相當有吸引力。因此，有人認為舔肛比性交更親密（可能也是所有性行為之最）。

舔肛，有一個正式名稱叫「analingus」，但多數西方人仍用口語的「rim」。這個字眼在西方社會挺流行，表示他們較能接受舔肛。國人這方面可能較保守，即便是英文高手，也可能從沒聽過這個單字呢。

剛開始舔肛者，不宜一下三級跳。大多數人初次對舔肛都會有排斥反應，可以先在她的臀部、腰部周圍舔吻，同時以手指試探、愛撫肛門，如果對方沒有負面反應，才慢慢將嘴巴挪近，在肛門上印下一記吻。這時，對方還是接受的話，就可以放心伸出舌頭，品嚐一杯「菊花茶」了。

如有意嘗試舔肛，卻無法克服衛生顧忌，可使用「隔膜法」。先將對方的肛門周邊、臀部塗抹乳液，使其具有黏性。然後裁割一面適當大小的保鮮膜，對折，將折口邊緊貼住對方肛門後，再往兩旁將保鮮膜抹平，貼合臀部。這時，即可透過這層薄膜以口舔肛。因為這層膜夠薄，比起直接舔，也不會減損太多該有的快感。

舔肛的技法主要有六：

1.以舌尖在肛門周邊繞圓圈。

2.以舌尖挑撥肛門皺褶（可分快速撥、緩慢挑兩種）。

3.以舌尖頂撞肛門中央的入口。

4.以舌面滑過整個肛門。

5.雙唇罩住肛門，像在吸奶嘴。

6.舔肛與指交、情趣用品一起搭配。

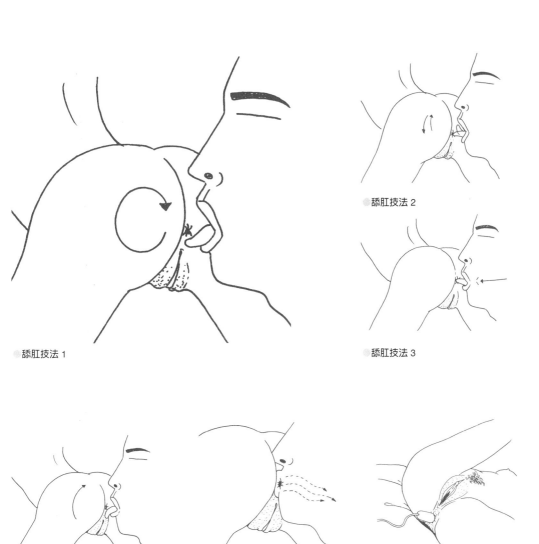

舔肛技法 1

舔肛技法 2

舔肛技法 3

舔肛技法 4

舔肛技法 5

舔肛技法 6

口手並用

有些人永遠只使用簡單、固定的口交技法「一招半式闖蕩江湖」。這並沒什麼不好或不對，但通常口交能提供的好處，就在於其花樣多，可以製造多重感受不一的觸覺快感，因此才深受歡迎。所以，我們應善用口交的優點，多學習、多運用能組合起來的花樣技巧，使口交變得更豐富有趣。

口手並用，正是讓口交多樣化的指導原則。靈活的手指，一旦跟靈巧的舌頭並肩合作，在情趣的沙場上絕對捷報頻傳。

記著，女人的身體是一座亮麗的舞台，手與口這兩大巨星一登場，攜手合作，絕對讓全場為之瘋狂。

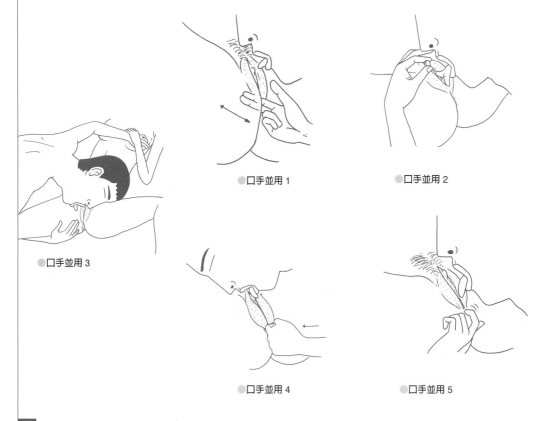

●口手並用 1

●口手並用 2

●口手並用 3

●口手並用 4

●口手並用 5

●第一招：嘴巴正舔弄著陰核，另一邊則伸出一或兩根手
　指（沾上潤滑液或唾液）插入陰道口，開始抽送。

●第二招：與第一招剛好反過來，舌頭在陰道口或陰道前
　庭磨舔，手指則輕輕揉捏著堅挺的陰核。

●第三招：嘴巴舔著陰核或陰道口，一隻手北征，伸向上
　方去愛撫乳房或奶頭。

●第四招：在嘴巴忙著照顧陰戶各個部位時，握起拳頭，
　頂住她的會陰，輕輕地向體內施壓。

●第五招：當嘴巴舔著陰戶各部位時，以手指愛撫肛門或
　會陰。

妙手回春

　女性全身有許多敏感的性感帶，都喜歡手指頭的愛撫；
獲得疼惜後，會響起一段嚶嚶銷魂之語。

歡 樂 一 姐

　以四隻手指撫平，由下而上，從陰唇的縫隙中穿越，同
時撫弄縱長的陰唇。中指，通常座落在中央，一旦碰觸到
陰核時，不妨以指尖加以愛撫。

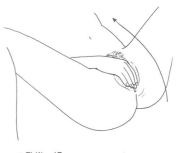
●歡樂一姐

喚 醒 全 身

　以手掌輕輕地拍打全身，集中在下體，如對著陰部輕拍
幾回。這叫做「陰部擂鼓」，有振作精神、喚起巾幗英雄的
神氣。

　但有人喜歡被拍到陰核的位置就好，有人喜愛連會陰部
位也一併拍打，可見個人胃口不一樣，端賴溝通。

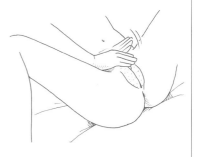
●喚醒全身

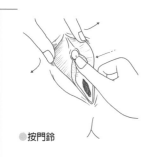
●按門鈴

按門鈴

一隻手大約將陰核附近的肌肉張開，使陰核如巨星登場，鎂光燈都集中於此。另一隻手的拇指按在陰核處，溫柔地像按電鈴般叫喚裡頭的女主人。

●剝橘子

剝橘子

兩手的手指（拇指在上，四指在下）各捏著左右兩片大陰唇，微微往外掀，順勢按摩。這個動作有些像在剝橘子，你可感到裡面汁多肉肥美吧。

●轉時鐘

轉時鐘

由於陰核是一顆肉粒狀，被陰核包皮裹住，可以在勃起時伸直變硬，宛如3D的面向。因此，它也很適合以「3、6、9、12」的順時鐘（或逆時鐘）方向，以食指點觸，一點接一點地繞著陰核移動，直到轉一圈，完成十二鐘頭。

據說，許多女性喜歡二點鐘的方向（據大多數人報告，以9點鐘至3點鐘之間感覺最棒），多摳碰這些角度的陰核。

兩人在做此法溝通時，很簡單：

「這樣，兩點鐘方向舒服嗎？」

「嗯，可能偏一點，大概一點四十五分的方向……對對，那裡較好。」

瞧，雙方以時鐘為默契多好啊。

●長驅直入

長驅直入

以手指頭塗抹大量潤滑液，伸入陰道內。

有人只要一隻手指進出，就足夠承受；許多人喜愛動用兩根手指，雙管齊下（也可在陰道內扭轉，增加搔勁）；甚至有人喜歡被四指攤平，像一把手刀切入陰道內抽送。

長驅直入法，可以將伸入陰道的手指各朝四個面向，如

從東方開始揉動陰道內肌肉，慢慢轉到南方，依序西方、
北方，面面俱到。

新月

先將拇指伸進陰道內，東捏西揉，找到一個好的落點。
拇指就定位後，掌心轉過來，全掌張開，覆蓋住其陰戶。

這時，拇指在陰道內摳弄，掌心抵著陰戶口，傳送溫
暖，而指尖們則壓在陰阜上，等於由內而外地，整個都把
陰戶的周邊包圍了，會有脹脹的滿足感。

這個姿勢好比有人正在將一股性愛的功力，透過掌力，
源源傳入體內，受用無盡。

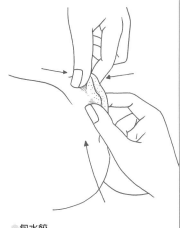

◉新月

包水餃

動用兩隻手，分別以拇指與食指捏著兩邊的大陰唇，以
左右方向捏。手法好像是包水餃，把餃子皮的邊，以雙手
摺捏成皺褶的浪狀紋。

另外的一個手法，是兩根手指各自夾在陰唇一端，往兩
邊拉，好像要把皺紋拉平那般。這樣，來回拉扯大陰唇。

由於大陰唇比較肥厚，此時可以稍微用點力。偶爾，拇
指可在摺捏之際，滑進大陰唇內，摳揉到那條與小陰唇間
的溝狀地帶。

陰核被陰核包皮或陰唇包住時，在作拉捏的動作時，可
以用手指輕輕地捏著裡面的陰核。由於陰核有包皮或陰唇
肉瓣覆蓋，拉起來比較不會那麼敏感地發疼，還會發出陣
陣愉悅呢。

◉包水餃

手交的手勢可以兩隻手合作，交互使用，如一根手指在
按摩陰核，另一隻手便可伸入陰道去愛撫G點。

瀕臨高潮的
肢體語言

　　與男性相比，多數女性的高潮顯得斯文多了。所以，觀察女性瀕臨高潮的肢體語言，有時要有所謂「讀心術」的心理準備。

　　女性進入高潮時，陰核因充血的關係，長度與直徑會增加，大陰唇擴寬，小陰唇膨脹向外延伸，由粉紅色變為鮮紅色。激烈者還會滿身出汗、陰部顫抖、身子扭成S字形，十指（或包括腳趾）像貓爪摳起、一口氣彷彿喘不上去。但大多還是呼吸急促、肌肉緊繃，偏向靜態的動作。

　　女性的高潮反應，比起男性的射精，更顯得林林總總，但不管動態或靜態，都有一些共同的高潮語言，如臀部劇烈搖轉、性器官使力往你的嘴巴挪移貼近、呻吟聲加劇。

　　但也有另一種可能，她的下體會有點想要逃離你的嘴巴。這是太刺激之故，並非表示她不樂意。你應該好好分辨她的閃躲是屬於哪一種，是越想要，或真的過於刺激而不要？如果她的下體閃躲，是屬於「正中紅心」而產生的不自覺退縮，那你更應該牢牢地抓住她的大腿，勇冠三軍地舔下去。

　　但如果她的下體似乎越挪越遠，有十分明顯的閃避趨勢，可能是你當時的口交或手交方式，造成她的感覺不適，應即時判斷，並修正動作

　　當她快達到高潮時，如果你是正向趴著，手臂可各自穿越她屈起的雙腿，抱牢她的大腿，或托住其腰臀，讓她的下體有著力點。你緊緊抱牢，直到感覺她的身子終於放鬆了，高潮似乎退了，才離手。

　　高潮之後，她的陰核會變得相當敏感，穩定地抱著她是最好的方法，幫助她從欲仙欲死中漸漸回魂。這時，你可

以很輕地親吻一下她的陰戶，但避免去碰觸到陰核，不然她很可能會像「一隻被電到的貓」。

　　每位女性的高潮長度不一，從五秒鐘的「淺嚐即止」型，到三分鐘的「小死一番」型都有，其他則介於之間。另有那種高潮迭起，一陣接一陣的「馬拉松女健將」型。

● 在口交時，用舌唇舔弄她身體各處，特別是幾處敏感地帶，如乳房、耳根、小腹、大腿內側等，但就是刻意避開陰戶。這樣子吊人胃口，會讓她處於「欲求不滿」，當她的慾望節節上升，身體出現扭擺難忍的樣子，才將舌唇吻上她的陰戶。這時，陰戶真是「如大旱之望雲霓」，對你適時的口交一定「受用不盡」。

● 用舌頭舔她的陰唇時，鼻子也是一項法寶唷。當你以雙手捧住她的臀部，開始舔她因雙腿打開而彰顯的陰唇時，可以挪動鼻尖，摩擦位置剛好對準的陰核，這是「買一送一」的快感。

● 在舔她的陰唇時，將它們當成嘴唇，或想像是她的嘴唇，用心表現出你平常與她嘴對嘴親吻的熱情與柔情。

● 有時在舔陰戶時，可稍用點力以舌尖往內頂，但勿從頭到尾將你的舌頭當成一根小陰莖使用，到處亂頂亂戰。

● 千萬不要以為在這裡學了幾招，就自認身懷口技，而在為女性口交時企圖邀功，頻頻問道：「妳爽不爽？」這一問，好像舍監在問「為何這麼晚歸？」會使女性本來節節上升的慾火，登時熄滅。

● 不時地做出小動作，如愛撫、使眼色、流露表情、發出呻吟、講甜言，讓她知道你多麼享受幫她口交。她會因此對你心花朵朵開，連底下的「花心」也盡情綻放，供你嗅香。

● 口交時，一邊故意發出大啖美味的噴噴聲，或發出嗯嗯的讚頌聲，讓女性聽了，宛若被當作美食品嚐，會自覺很性感。

● 講甜言時，有幾個基本版本可供參考：「你看起來好挺拔」、「它看起來好猛喔」、「妳聞起來好香」、「妳的陰戶看起來好漂亮」。不是只有男生才能對女生講甜言，女生要是偶爾能冒出幾句好聽之類的話語，絕對能提振三軍士氣。

● 能夠把一個女人從頭舔到腳，就是她在床上的英雄。

● 熱情，永遠比技巧重要！即便你的技巧不夠好，但只要表現出對她口交的激情與熱切，照樣能贏得美人芳心。

男性技巧篇

目標：龜頭

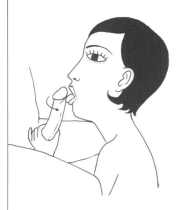

●蝴蝶撲拂

蝴蝶撲拂

　　舌尖沿著龜頭邊緣，在那圈陰莖頭冠上進行舔磨、勾弄、點擊。這個動作叫作「蝴蝶撲拂」，彷彿蝴蝶在花蕊上輕盈地撲拍著翅膀，一搭一搭地輕磨慢撥。

　　許多男士全身最敏感的地方，就位在這個「神奇的圓圈」上。尤其是沒割包皮的男士，平常龜頭被包皮覆蓋，有的完全束住龜頭，有的蓋住一半，但不管全蓋或半蓋，龜頭下方的那圈冠狀都藏在包皮下，少與內褲摩擦，所以保有高度敏感。在做愛過程中，它是許多男士銷魂的來源。

　　不妨想像你是一隻蜜蜂，發現了一株堅挺成熟的花心，尖端沾滿了花粉與蜜汁，而你正殷勤地伸出舌頭舔食。

　　過程中，你可以用一隻手或雙手握住陰莖的根部固定之。最適宜的姿勢，就是你跪在他的雙腿之間。

　　這個技法的名稱十分響亮，西方人打趣說，舔弄龜頭冠部就像在漫不經心地彈奏斑鳩琴，意思聽起來有點像中文說的「亂彈」。

　　有些口交網站對「蝴蝶撲拂」推崇備至，形容它是一種極端舒爽、相當有效的口技，甚至在旁註解：「你的男人將因此永遠愛死你」。

扭轉絲綢

　　扭轉絲綢，指在一邊吞吐整顆龜頭時，一邊以舌頭持續地在龜頭上以順時鐘或逆時鐘的方向滑磨。也可以含住龜

頭，不必做吞吐動作，只需專心以舌尖磨滾著龜頭。

龜頭是整根陰莖中最敏銳的部位，當舌尖集中在龜頭表面又磨又滑，又滾又轉時，自然會製造強烈刺激。

在舔舐龜頭時，也可以花點時間來照顧它的「好鄰居」，就是連結在馬眼下的那條「陰莖繫帶」。以舌尖在這條繫帶上及其周邊點觸、撥挑、摩挲，還有連續以掃切的方式在馬眼的開口上快速又勾又挑，都能引起顫抖式的快感。

想像你在吃一顆圓球狀的糖果，含在口中時，為了嚐到更多的甜滋味，會用舌尖滾動糖果，加速它的融化。或者，想像你在喝雞尾酒，抓起櫻桃梗，把圓滾滾的小櫻桃送進嘴裡，正用舌尖滾著櫻桃，吸吮甜汁。

據悉，這是西班牙女性最愛的一招。

●扭轉絲絢

吸塵器

「吸塵器」正如字面的意思，就是把嘴巴當成一台吸塵器使用。

當嘴巴將陰莖吞入一半後，封住嘴唇，形成真空，開始往肚內猛吸空氣，感覺似乎打開吸塵器，要把前半段陰莖吸進去。

然後，再把嘴巴緩緩退回到龜頭，氣緩緩吐出。這樣是一回合的連續動作。吸的次數與每次吸的時間長短可依個人喜好。在吸陰莖前半段的時候，可以偶爾用你的舌頭磨一下他的龜頭。

陰莖一邊含在口中，已有被箍住的感覺，加上一邊吸，會使陰莖產生雙重的緊束力道，增加刺激感。這一招，對不易堅硬的陰莖最有效。記著，吸的力道要不過輕，也不要過重，讓他有陰莖被往後吸進去的感覺即可。大部分男士都不太喜歡被吸得太用力，不僅沒有快感，反而還會酸疼，甚至麻木。

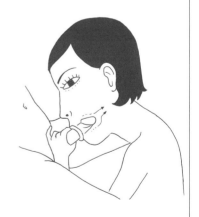
●吸塵器

有人打趣道，「吸塵器」的原文「Hoover」，可能靈感來自前美國中情局局長胡佛（J. Edgar Hoover）。

因為，吸塵器與胡佛有三個相同處：很會收拾髒東西（胡佛擔任聯邦調查局長任內，呼應麥卡錫主義，製造白色恐怖，對近八百萬軍公職人員展開思想審查）、很能製造響聲、一生都躲在櫃子裡（有此一說，胡佛是位有變裝癖的同性戀者）。

●轉瓶蓋

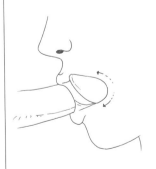

●吸奶嘴

嘴巴在進行舔、磨、頂、掃、撥的各項動作，大多能掌握輕重，唯獨在吸的時候，不知不覺往往會越吸越用力，所以請當心。

「女友每次在吸我的陽具時，好像它是一座礦坑，非要從裡面吸出一顆鑽石不罷休。她的嘴巴變成了一台超級強力吸塵器，弄到我酸麻不堪。但看她吸得那麼賣力，我真不好意思請她緩和，可是我的快感也跑掉了……」

轉瓶蓋

盡量將嘴唇弄濕潤，含住龜頭下方的那圈陰莖頭冠。嘴巴保持不動，以左右方向轉動頭部，讓雙唇在陰莖頭冠上來回摩擦。想像你是用嘴巴在打開一罐果醬的瓶蓋，旋轉幾下，馬上就有甜頭可吃。

記得，使用這招時，務必以嘴唇將牙齒包住，才不會刮到細嫩的龜頭皮膚。這招沒有動用到舌頭，純粹由雙唇挑大樑。

保持嘴唇潮濕、滑潤、溫暖最要緊，轉動時，可一面分泌唾液。乾澀的唇，會使效果大打折扣。口水少的話，可藉助有水果味的潤滑液，或在床邊放一杯水隨時飲用。

吸奶嘴

嘴巴只要吞入龜頭部位（不含陰莖體），然後嘟起嘴唇，像吸奶嘴般進行吸吮。所謂吸吮，就是輕緩地、淺層地吸，而非像「吸塵效應」那樣用力往肚子裡吸。

當嘴巴吸吮時，會產生陣陣蠕動，在布滿神經叢的龜頭上，彷彿用嘴做密集按摩，可製造一股「精液欲乘風歸去」的酥麻。反正佛洛伊德說過，有人終其一生會停留在口腔期，那咱們就給它大方地吸飽奶嘴吧。

推石磨

這一招，主要分成三種接觸面：

●舌面：以手握住勃起的陰莖根部或陰莖體，伸出舌頭，
做出吐舌狀，將龜頭抵住舌面。舌頭保持不動。手開始
操作，以繞圓圈的方式，轉動陰莖，讓龜頭一直在原地
磨擦著舌面。龜頭極其敏感，在舌面不斷地觸磨下，會
產生峰峰相連的高潮。

●舌尖：與上述方法相同，只是將接觸的舌面位置，改成
舌尖。單點突擊，比起整個面的接觸，又有新感受。

●舌背：伸出舌頭後，翹高起來，舌尖抵住上排牙齒，往
後彎曲，暴露舌頭的背面。把龜頭碰觸到舌背上，同樣
地，手部開始操作，以圓圈的轉法，挪動陰莖，讓龜頭
一直在原地磨著舌背。舌的背後密布血管，表面凹凸，
跟舌頭平滑正面製造的觸感完全不同，有另一番滋味。

以上三種是主菜，另外，若想嘗試口感特殊的點心，抓
牢陰莖，將龜頭抵在上牙齦的肉，一直來回摩擦。那兒的
肌肉因牙齒的根部而有起伏，磨起來感覺很獨特。

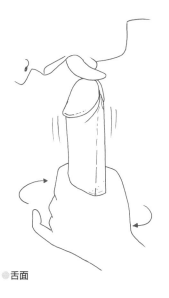

●舌面

●舌尖

●舌背

目標：陰莖

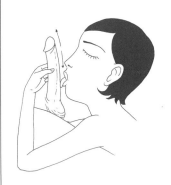

●舔冰淇淋

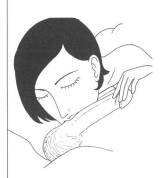

◉啃玉米

●Z字形

舔冰淇淋

陰莖勃起後，雙手各自從左、右邊抵住它的根部兩側，支持底座，使其維持挺立的姿勢。雙手的姿勢，以不擋住陰莖根部靠陰囊的這一面為原則。這個握牢陰莖的姿勢，以單手進行亦可。

伸出舌尖，從陰莖根部開始，沿著陰莖體的那條膨大突起的輸尿管，一路舔到陰莖繫帶。可以每次都退回陰莖根部的起點，才又開始舔上去，有如單行道。也可以從陰莖根部舔到繫帶後，接著又舔下來，來來回回折返。

想像這是一支美味的冰淇淋，融化出甜汁，而你唯一能做的事就是拚命吸舔，不讓汁液滴下。

啃玉米

這是上述「舔冰淇淋」的另一種花式。將勃起的陰莖往肚臍那一面壓下，使陰莖繫帶這面展露在上。

你的頭部傾斜，讓嘴巴轉成側向，就像在啃一根玉米似地，舌頭來回舔著陰莖體的那條圓凸管狀，因為加上有雙唇伴隨舌頭一塊磨滑，不同於單純的舌舔（又有點在吹口琴的樣子，吹的是「哼哼哈哈」大調）。

每次雙唇摩擦時，都要經過陰莖繫帶，因為它就像包穀的頭部，總是烤得特別香脆。

Z字形

這招仍然是「舔冰淇淋」的變化招式。以手握住勃起的陰莖底部，使其挺立。然後，以舌尖從陰莖繫帶開始，用英文字母「Z」，連續沿著輸尿管的膨脹部位彎曲而下，直到陰囊。

反方向，再從陰囊以連續「Z」字形，蜿蜒到陰莖繫帶。
這是一條九彎十八拐的「蘇花公路」，沿途載滿歡樂。

吞冰棒

　　這是口交基本式，也可能是最簡易的方法。含入陰莖，
從龜頭到根部，持續上下吞吐。進行時，盡量分泌唾液，
幫助滑溜效果。如能維持固定頻率，不忽快忽慢，幾分鐘
之內，有些男生可能就撤「槍」投降了。

　　有人稱它為「吞劍」，但我們提倡非暴力性愛，還是比喻
為「吞冰棒」顯得較可口吧。不過話說回來，這種吞肉劍
的表演方式，無害有益，請大家盡量在家模仿。

　　很多時候，有人會把吞冰棒搭配手一塊動作，效果更
佳；即一邊吞吐，一邊以手握牢陰莖，上下轉扭（手部旋
轉著陰莖體）。或者，以虎口圈住陰莖，手緊貼住嘴唇，隨
著嘴巴的吞吐，同步一上一下。

●吞冰棒

熱蒸汽

　　當嘴巴將陰莖上半截含入的同時，順帶把空氣悠長地吸
進肺部，盡量撐到飽脹。雙唇未完全封住陰莖體，仍留下
一點點空隙。

　　這時，才緩緩地從肺部呼出飽滿的空氣。那蒸汽般的熱
力就會全噴注在龜頭與陰莖體，暖和又舒暢，且有一些好
玩的性質。

　　同樣方式可推廣到陰囊。張口罩住陰囊大部分的表面
（不必全吞入口中，讓熱氣有段空間施展）。然後緩緩呼出
空氣，溫暖的感覺便會滲透到陰囊表皮。涼空氣則有另一
種挑逗性。先將整個陰囊徹底舔濕後，像吹口哨一般噘起
唇，徐徐地朝陰囊吹氣。陰囊因沾著濕潤的唾液，在吹氣
下會因蒸發而產生涼意，小癢一下。

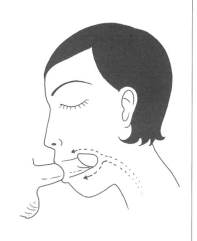

●熱蒸汽

目標：陰囊

●浸茶包

浸茶包

張開嘴，將陰囊內的睪丸含入口中，英文中稱作「tea-bagging」（浸茶包）。

一開始先以舌尖舔陰囊表面，由慢而快，這是序幕。然後，主戲上場。將陰囊吞入嘴中（記得嘴唇往內縮，把牙齒包住，免得刮到陰囊皮），以舌頭輕柔地轉動球狀的睪丸，或以舌尖輕挑。

速度越慢，力道越輕越好。慢慢地，吞進，吐出。又吞回去，再吐出。好像拉著茶包的線一直泡進熱水中，又取出一樣。

如無法同時含進兩粒睪丸，一次一粒亦可，輪流換邊。當睪丸落入口中，可以像吃奶那般吸吮，但切勿吸得太用力，可能會引起他腹部有些許疼楚。

吞入睪丸前，先以舌頭幫陰囊洗一次澡，讓表皮上的扭曲陰毛變得柔順，較易貼住表面。這樣可避免陰囊上的毛被牙齒夾住或鉤住，不然「拔一毛以動全身」，挺痛的呢。

秤雞蛋

這個方式適合他採取站姿，因地心引力關係，陰囊內的睪丸會垂到「谷底」。你則蹲跪在他面前，一手將陰莖按住，貼向小腹，使陰囊自然下垂的形狀更明顯。

伸出舌頭，抵住陰囊底部，讓平舉的舌面捧著陰囊，彷彿在秤雞蛋重量。舌頭以水平方向，左右擺動，磨擦著陰囊底部自然下垂的兩粒蛋蛋。

另一種方法，假如他的陰囊是鬆鬆下垂的話，你的舌頭便可從他的陰囊底部往上勾，好像推頂著沙包。

●秤雞蛋

磨砂紙

以食指、拇指箍住陰囊的根部，稍稍一擠，將陰囊擠成一粒鼓鼓的球狀，表皮非常飽滿光滑。以舌尖在鼓脹的陰囊表皮上滑行，適宜舔、勾、磨、掃；或是用大範圍的舌面，橫掃陰囊表皮，似乎在磨砂紙。

也可以用極輕微的力道，細細咬著陰囊皮，但絕非真咬，而是上下兩排牙齒些微夾住，讓他有感覺就好。

陰囊部分十分敏感，也容易受傷，所有涉及陰囊的動作都需格外溫柔、當心。千萬不要用力去捏，應該聽過男生被「踢到下面」的慘狀吧？那裡一作痛，就會把所有的快感在瞬間全數消弭。

以手愛撫陰囊，有以下幾種方式：

用整隻手掌捧住陰囊，輕柔地在掌心中捏一捏；

或以很輕的力量，微微轉動陰囊內的兩粒睪丸；

或以手指尖在陰囊皮上撩撥；

或使用兩手，一手抓住陰囊與陰莖交接處（好像要把陰囊束起來），另一隻手抓握陰莖。兩隻手分別往相反方向的兩旁拉，力道很輕微。

●磨砂紙

目標：馬眼

勾芡

這招適用於有precome（指男性射精前流出的前列腺液）的男士。當他的馬眼流出些許黏液時，以舌尖輕微抵住，頭部往後，即可拉出一長絲的線狀。

男士們看到這幅畫面，通常會覺得十分性感。等視覺效果達到了，才將陰莖含入口中吸舔。

勾芡，西方人又叫做「舔棉花糖」。這一招，視覺上的刺激大於觸覺。

●勾芡

目標：包皮

西方男性因宗教關係，從小進行割禮，但台灣的男生大多數未割包皮，所以包皮的敏感度仍在，是許多本地男生獲取高潮的重要來源。

在為他舉手代勞時，就要特別留意這層皮的神奇角色。當搓動他的陰莖時，請注意務必讓包皮每次都能被拉起、扯下，且直接摩擦到他的龜頭冠狀邊緣，這樣會增進他的快感。

老鼠咬布袋

以門牙與下排的牙齒輕輕地咬囓包皮，想像自己是一隻小老鼠正在囓咬粗麻編織的布袋。

但並非真的咬，比較類似發冷顫時牙齒密集微碰。那種細碎而快速的頻率，頗能挑起包皮的刺激感。

門牙的上下兩排牙齒除了輕咬包皮，還能以很輕微的力道各自往左右移動，產生摩擦效果。但絕對要避免使用接近後方那幾顆較大型的牙齒，因為這幾顆牙習慣用力咬東西，一不小心會咬疼包皮。

◉老鼠咬布袋

地毯下吸塵

兩手各以食指、拇指，從兩端抓住包皮的一小塊，將之拉撐起來，形成一個中空狀。這時，將舌尖伸入包皮內層，盡量抵到陰莖冠，然後沿著龜頭表面繞圈，彷彿把吸塵器探入地毯底下大掃除。

當你高高拉起包皮的兩端時，可以把嘴巴對準了包皮內吹氣，包皮就會微微膨脹，像極了一只小氣球，能製造閨房情趣。

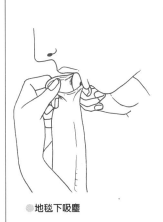

◉地毯下吸塵

刺激男性的會陰，跟刺激女性會陰同樣有三種方式：

● 掃落葉：以舌尖單純地在會陰部位來回地舔，彷彿掃除地面的落葉。

● 吸奶嘴：以雙唇罩住會陰，啓動「吸奶嘴」動作，不斷吸吮。

● 舌尖頂：以舌尖頂撞會陰，將壓力擩進他的體内，刺激精囊。

照顧男性會陰部位，也別忘了接合縫（raphe）。

所謂接合縫，係指從陰莖繫帶起，一直往下順著陰莖體，經過陰囊、會陰，延展到肛門前的那條脊狀細縫（見P81男性生理圖）。即使在黑暗中，也能以手指觸摸得出來，像是皮膚上微微隆起的一條小肉鏈。

這條接合縫相當敏感，很適宜伸出舌頭，以舌尖接觸，由會陰開始順著它的紋路，直直往上舔到陰莖繫帶。由於這段距離不算短，又是舔在感應靈敏的「銷魂線」上，可同時勾起肛門周邊、會陰、陰囊、陰莖體、龜頭的舒爽，有節節進逼、一路通暢的刺激感受。

舔 肛

正如《像我們這樣的男人》（Men Like Us）一書所說，沒做過舔肛（rimming）的人會厭惡這種行為，或覺得羞愧；但對喜歡的人來說，舔肛簡直是一首詩。人們對舔肛的好惡，相當兩極。有些男人雖不口頭承認，但偏愛舔肛。也有些男人對舔肛的概念起先無法接受，但機緣湊巧，試過之後便愛上了。

不過，愛面子的男性通常不會提出這種要求，你可以見機行事，給他一個正中下懷的驚喜（詳細的技術部分，請參考女性技巧篇「肛門」部分，P97）。

口手並用

在整個口交過程中，多了手的協助，就像嘴巴有了延伸，可以搭配口腔的做工，或遠或近地另闢戰場，變成雙向夾攻。

口與手的組合方式很多種，主要分兩大類。

一、聚焦在同一個落點（陰莖）：

1.在你的舌頭對他的龜頭進行「扭轉絲綢」或「蝴蝶撲拂」的同時，可以張開虎口握住他的陰莖，展開上下搓套。這時，口與手的注意力都集中在他的陰莖上，全副進攻，強取灘頭。

2.當你的舌頭沿著他陰莖體膨起的尿道管上下滑行時，手指可以像抓麵粉那般五根摳起，攫住龜頭，展開搓揉動作，尤其多搓磨敏感的冠狀部。

當嘴巴在吞吐時，再以手握住陰莖，除了增加他的觸感刺激，對自己也有好處。因為多了一個拳頭的距離，使他的陰莖深入你口腔的深度就減少了。

假如他的陰莖稍長，會頂到你的咽喉，即可用此法擋一擋，好鬆口氣。倘若他的陰莖真的「有那麼長」的話，還可以用兩隻拳頭上下握住，與含住龜頭的嘴巴配合地搓。

但是，即便他的陰莖沒有長到可以容納兩個拳頭，你最好還是雙手套住陰莖（不必全握就是了），這樣可以滿足他的男性心理，自覺胯下長度傲人。別小看這個看似不經意

的動作，很多男士比你想像中敏感，尤其牽涉到那話兒的長短。

二、口和手不在同一個落點：

1.奶頭＆其他：嘴巴在舔奶頭時，手便能伸到下部，去愛撫陰莖、睪丸、會陰、大腿內側、屁眼等處。

2.龜頭＆其他：嘴巴在舔磨龜頭時，手可以往上摳揉奶頭，或往下對陰囊搔癢，或愛撫屁眼。

3.陰莖＆其他：嘴巴在吞吐陰莖時，手可搓揉陰囊內的睪丸，或向上愛撫奶頭、向下愛撫屁眼。

4.會陰＆其他：當舌頭在會陰上滑磨時，可一邊幫他打手槍，或輕揉睪丸。反過來，在對陰莖或陰囊口交之際，手指或拳頭可輕壓會陰。

5.肛門＆其他：正如生理篇提及，有些男士的肛門相當敏感，因此在口交身體任何一個部位的同時，可伸手指在肛門外圈愛撫，甚至將一兩根手指頭插入，一進一出抽送。或者在舔肛時，手去搓揉他的性器官

以上的組合方式很多，可以隨機、視雙方心情搭配。記得，凡是以手指進行愛撫的部分，不妨在指頭上多塗抹唾液、潤滑液，更方便搓揉的動作，也使觸感變得更滑順、愉悅。

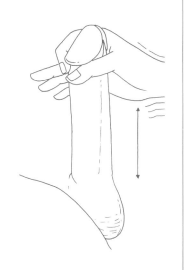

多數男士喜歡整根陰莖從龜頭到根部被搓套，即俗稱的「打手槍」，因為男性進行自慰時，大多採取的方式就是搓打陰莖。所以，在口手並用時，不管你用到多少種組合，其中務必要搭配到打手槍這一項。

打手槍的手法主要不外兩種：

1.圈起拇指與食指，僅用這兩根套住陰莖體。

2.五根手指全部抓握住陰莖，然後上下搓滑套弄。

一般來講，多數男性的陰莖都不喜歡被握得太用力，但若過輕，也沒什麼感覺。所以，握的力氣宜適中。

他平常自慰時抓握陰莖的力道，就是最容易射精的力道。假如由你代勞時，過重或過輕都無法將他推向高潮。你應該盡可能接近他平日打手槍的力道，而力氣適中最符合多數男士的習慣。

假如為了更確定效果，可直接詢問他喜歡多用力？倘若不好意思開口，就用以下的方法：

你的一隻手先握住他的陰莖，再以另一隻手將他的右手（除非他是左撇子），抓過來，握在你的手背上，暗示他帶引著你的手，幫他打手槍。在他的帶動下，你就可體會出他習慣用多大的力氣了。

當使出這麼多種口、手組合後，你會發現他對其中幾項的反應特別強烈，就可以灌注心神在這幾項動作上。

因為一開始，運用多種組合是在變花樣，講究「廣度」，追求的效果是「到處點燃，遍地烽火」。接下來，就要求「深度」了，以「一挖再挖，挖到泉眼」為止。

現在，集中去做他格外有反應的那一兩種方式，但要注意一件事：穩定而持續的頻率。

例如，舌頭在舔，或雙手在搓的時候，都不要忽輕忽重，忽快忽慢，而是保持固定的速度與力氣。因為男性自慰時，射精之前都是在累積爆發那瞬間的能量。等到能量積到一個程度，瀕臨射精了，才會加快速度衝刺。

也就是說，在進行「深度」過程時，至少有一段時間內，舔、搓的頻率是穩定而持續，直到你判斷他的反應漸漸激烈了，才加快速度或加重力氣，幫他衝刺到高潮。

在口交的全程中，嘴巴不見得要從頭到尾戰到「最後一兵一卒」。嘴巴畢竟比手還容易酸累，所以當嘴想暫時掛起「免戰牌」時，手就要獨撐大局了。

男士們都喜歡被手交的滋味，因為打「手」槍是他一向自慰的方式，既熟悉又放心（未必都有大驚奇，但也決不致失望）。

針對陰莖的手交方法，有以下幾種（最好均配合潤滑液，觸感尤佳）：

握拳頭

這是手交的基本式，五指像抓牢球拍一般，握住他整根陰莖的柱體，進行上下搓打。

握拳式乃所有手交中，手掌與面陰莖積接觸最大的一種，刺激較為全面，也最強烈。最好每一次的搓打，往上時都能讓手心滑過敏感的陰莖頭冠。

如果他有包皮，握拳式便有兩種。其一，讓包皮自然覆蓋，當握住陰莖體搓打時，包皮會跟著上下滑動。其二，一手將包皮褪下，另一手沾潤滑液，直接觸摸到陰莖頭冠的部位，上下搓打。

褪與不褪包皮，兩種滋味迥然不同（但後者一定要有很多的唾液或潤滑液，否則乾乾地摩擦包皮，會有疼楚感）。

本式亦可加以變化，如「反握式」，扭轉手腕，把原本握舉的拳頭反過來。由於抓舉的方向與角度都變了，著力點便不一樣，對陰莖產生的快感也不同。

如果他平常習慣使用右手自慰，也不妨讓他嘗試以左手打手槍的感受。新的角度未必能強烈到射精，但絕對有新鮮感。

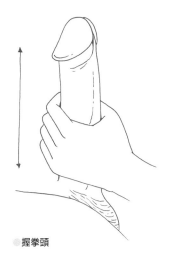

●握拳頭

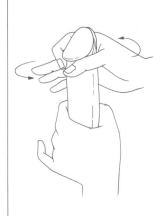

●比OK

比OK

我們一再強調陰莖冠部的敏感，手交的首要進攻目標，當然就在此。它像口交部分的「轉瓶蓋」，只是將嘴巴換成了手指頭。以拇指、食指相扣，像比出「OK」的手勢，箍住他的龜頭外緣那圈冠部，握成一個圓圈形狀，開始左右轉動。

這一式，也是要用上很多的唾液或潤滑液，才能使手的圈圈很滑順地在陰莖冠部旋轉。

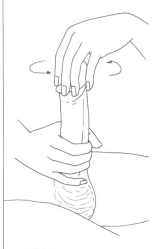

●榨果汁

榨果汁

一手握住他的陰莖，如果有包皮，就把包皮翻捲而下，完全露出龜頭。另一手的五根指頭彎曲，做出鷹爪的形狀，由上方抓住龜頭周圍，開始搓套或轉動（一樣大量用唾液或潤滑液）。每一回上下搓動時，五指都要經過冠狀溝，產生刺激。

這個動作彷彿手持切成一半的檸檬，正對著尖凸有溝狀的器皿上下壓，以擠出果汁。

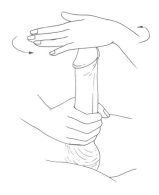

●磨硯台

磨硯台

一手抓握住他的陰莖，另一手的掌心對準龜頭，展開順時鐘方向磨動。當掌心的面接觸龜頭時，不必守著90度角，亦可整個掌面左右滑動，變成360度摩擦。速度可忽快忽慢，或保持固定頻率。

抓水球

這招必須在他的龜頭上塗抹大量潤滑液，使其非常滑溜。然後一手握牢他的陰莖底部，另一手反轉，掌心朝外，虎口抓在龜頭的位置，接著五指用力一擠壓，因為潤滑液十分滑手，龜頭就會從虎口中「噗」地溜掉。

連續以這種抓水球的方式，讓龜頭不斷地從緊握的虎口溜走，能產生類似口含的效果。

猴子爬竿

使用握拳式，一隻手從他勃起的陰莖最上方，即龜頭部位，往下滑到根部，放手；接著另一隻也是同樣動作。兩手輪流以「一回密集銜接一回」的爬竿方式，不斷地在陰莖上攀爬。

鑽木取火

兩隻手掌從左右兩邊夾住他的陰莖體，開始像天冷時努力搓手掌生熱那般，前後滾動。當滾動時，可先集中於龜頭處，尤其摩擦到陰莖頭冠，然後由上而下，由下而上一路遊走。

◎抓水球

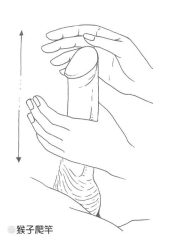

◎猴子爬竿

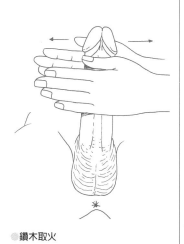

◎鑽木取火

扭乾水漬

一隻手抓握他的陰莖根部，使之固定，另一隻手握住陰莖體部分，往上面的方向，像轉螺絲那樣旋轉，每次都必須磨過龜頭。連續動作。

此招有一個變化的花式，雙手同時往不同方向，扭轉陰莖，彷彿在扭乾衣服。但別太用力，免得他那根真成了麻花棒。

踩腳踏車

雙手的四指合併，與拇指形成虎口，各自從兩邊捏著他的龜頭。兩手的四指分別抵住龜頭後方，豎起拇指，對準馬眼下的那條陰莖繫帶，像騎腳踏車時踩踏板那樣，一上一下摩擦。

恭喜發財

雙手的十指交叉，宛若在拜年。

握成的這一個空心狀，對準他的龜頭罩下，然後夾著龜頭開始360度轉動。這時，十指拱成的密閉式半圓形溫暖又緊貼，有如發揮嘴巴或陰道的妙用。

「恭喜發財」的另一花式，雙手十指一樣交叉，夾住整根陰莖體，上下搓套。

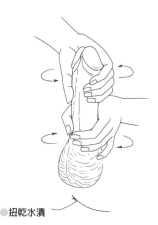
●扭乾水漬

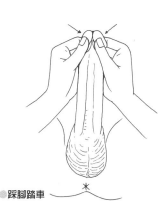
●踩腳踏車

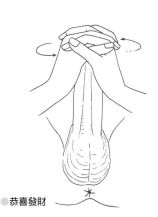
●恭喜發財

啓 動 幫 浦

　一手抓握他的陰莖根部，箍緊，使血液進而不出。另一手握住陰莖柱體，開始一緊一鬆地運動。

　這種方式適宜用在陰莖尚未勃起前，鬆緊的收放效果，彷彿在幫它打幫浦，很快促進充血狀態。

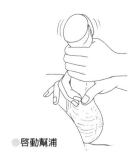

●啓動幫浦

摳 荔 枝 皮

　一隻手抓握在他的陰囊根部，將其擠成一粒飽滿的圓球狀，另一隻手的五根手指，開始像蜘蛛爬行那般，在陰囊皮上輕輕地摳癢。鮮紅的陰囊皮質，被擠成鼓脹的一球，上頭有粒粒毛囊，豈不像極了荔枝皮？在摳癢之餘，也不妨品嚐幾口吧。

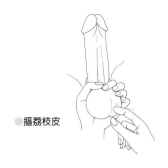

●摳荔枝皮

刺激會陰

　進行手交時，會陰也是一個重要部位。有五種方式：

　1.伸出拇指，頂住會陰部位，像按門鈴的姿勢，輕輕地壓。可連續地壓，也可按住保持不動。

　2.握起一隻拳頭，抵住他的會陰部位，輕輕往內擠迫。採取頻率式地壓，亦即壓一下，放掉；再壓一下，又放掉，依此類推。也可以將拳頭固定在會陰部，一下緊貼，一下放鬆，持續微微地向內頂壓。

　3.拳頭抵住會陰時，以手肘帶動，使拳頭快速地抖動，便能發揮類似按摩棒的震動妙用。

　4.以手掌的底部按在會陰部位上，這個手的位置所製造的擠壓感，跟拳頭不同，滋味別具。

　5.一邊幫他打手槍，一邊以虎口將陰囊往上托，一樣能在會陰部位製造壓力，傳入精囊，增進快感。

以上這些針對會陰部位的手法，都可製造適當的壓力，進入他的會陰底下，有如間接在對精囊施壓，使快感的強度增大。

不過，會陰部位十分敏感，絕不宜過分用力，力氣需拿捏到恰到好處，大到讓他感到有壓力透入體內即可。

另外在擠壓時，也要注意別誤壓到睪丸，否則他可是會「＃％＆＊※」在心裡口難開。

刺激攝護腺

攝護腺有「男性G點」之稱，許多男性反映，當它受到刺激時，確實能傳遞快感。

有些男性只要刺激攝護腺，就能達到高潮。但多數仍須輔以陰莖刺激，所以在口交他的陰莖、幫他打手槍之際，一邊如能刺激他的攝護腺，更能增強射精時的快感。

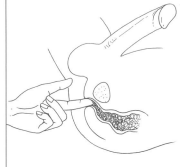

●刺激攝護腺

刺激攝護腺，途徑有三：

1. 以手指在他的肛門上塗抹大量潤滑液，然後將指頭緩緩伸入肛門。由於肛門內的括約肌有緊縮功能，直接從外面施壓，便會自動產生抗力，不宜硬碰硬地筆直插入。有留指甲的女士，格外要注意，不妨將手指套在保險套內，減低指甲摩擦的可能。

最好採取「鑽地洞」法，即將指頭稍偏向肛門，藉由潤滑液之助，像轉螺絲起子一般，慢慢扭轉而入。這個方法很容易欺騙括約肌，讓它不知不覺放行。

這時男士本身也要配合，盡量放鬆身體，以意識傳達給括約肌，去信任那根手指。當手指旋轉進入他的肛門後，先保持不動的姿勢，讓括約肌習慣被外物撐開的感覺。

過了一陣，手指才輕緩前進。整根手指進入約五公分，以指尖肉墊（勿以指甲）往上一摸，覺得有點隆起，即是

攝護腺的貴寶地了。

在這塊寶貴的方寸之地，手指可以慢慢揉圈子，或往內輕壓，讓他開始享受美妙滋味。除了手指，情趣用品也一樣能派上用場。剛開始嘗試者，宜從最小的尺寸起步。

留意！肛門不會自行分泌任何液體，永遠記得只要有進入肛門的行為，就需使用大量的唾液或潤滑液。

2. 不直接進入肛門，而是握拳，以四根手指平平的那一面輕抵住會陰中線的中央點，朝體內有節奏地持續頂壓，一樣能刺激到攝護腺。

3. 把拇指緊貼肛門，像按門鈴的姿勢，微微用力往內施壓，能刺激到攝護腺與陰囊。

射精前的肢體語言

不論給予口交或手交，每位男士撐到射精的時間長短均不一樣。如果想延長享受，就必須留意他的一些肢體語言，因為那暗示他即將進入高潮了，便應改變頻率、轉移部位、暫停動作，以緩和他射精的衝動。

或者反過來，你們已經進行到一個程度了，準備迎向高潮，那麼掌握他射精前的肢體動作，即可加緊嘴巴或手的抽送配合，助他一路衝刺到終點線。

儘管男士們瀕臨射精的身體反應不一，但還是可以歸納出絕大多數人的共同趨勢。例如，身體的某部位肌肉會緊繃，像是大腿、臉頰、小腹、手或腳，甚至可能出現輕微抽搐。有些人的臀部會微微抬起，往前頂撞，也有的臀部會猛烈震動。

如果你正在進行口交，他也許會主動加快速度，將臀部往你的口腔挺送。假如你正在手交，他也可能會挺起臀部，將陰莖迎向你的拳頭，加速搓動。

射精前的陰莖雖會脹到最大程度，龜頭分外飽滿，但一

般人很難辨識差別。加上很多親密行為大都是在黑暗，或光線不足的環境中進行，更難察覺。

當然，呻吟聲加劇、延長，呼吸聲變得濃濁、急促，也是明顯的暗示。

進階技巧：深喉嚨

　　熟悉了口交的基本招式後，更上一層樓就是「深喉嚨」了。所謂深喉嚨，是指男性的陰莖在口中抽送時，盡量往裡深入，甚至抵達喉嚨深處。

　　在1972年《深喉嚨》一片中，當男主角在女主角琳達深喉嚨達到高潮時，銀幕上出現了一節火箭噴出烈熖的升空畫面，壯觀炫目。在這一刻，許多男性觀眾嘆為觀止，也從那時起，深喉嚨的這個口交技巧就身價看漲，人們有樣學樣，紛紛想加入「深喉嚨俱樂部」。

　　不過，提起深喉嚨，人們恐怕更常聯想到馬戲團中的吞劍表演，或是記起刷牙時，牙刷不小心頂到喉嚨；或是看病時，被醫師拿著壓舌器探入喉嚨，一時作嘔，彷彿整個胃快翻出來那麼恐怖。

　　一般人對口交又愛又怕：怕的是，這種類似反嘔的不悅感；愛的是，接受的人感覺滋味妙不可言，施予的人也有成就感。

　　許多男性喜愛這一招，對沒有此類經驗的其他男性或女性大概難以理解。

　　來作個實驗，在你吃蛋糕時，以指尖挖一點送入口中。當蛋糕慢慢嚥下後（先吃蛋糕，可製造更多唾液與滑潤），手指往前深入，直到指尖輕觸到喉嚨末端為止。這時，你的手指頭會被一層溫熱潮濕的感覺裹住。

　　指尖上布滿神經末梢，是手指最敏感的部位；同樣地，男性的龜頭正是陰莖最敏感的部位，在深喉嚨動作中，龜頭不斷往前頂，被喉嚨深處那層濕熱又柔軟的喉頭摩擦，感受豈不比指尖更強？

男人喜愛享受深喉嚨，除了生理快感，另外是心理滿足。一些男人覺得「全根盡沒」代表把性的樂子使到淋漓盡致，有完全、極致的意味，頗能滿足他們的雄性心理。甚至有些男性表示，其實挺喜歡伴侶在作深喉嚨時，出現反嘔動作，讓他有種「本錢雄厚」的陶醉感呢。

人們通常在A片中看見深喉嚨表演，驚嘆之餘，也會興起「有為者亦若是」的壯志。但親自下海嘗試後，常常「鎩喉而歸」。羅馬絕非一日造成，即便是那些A片演員也不知道苦練了多久，才能有精湛演出。

直達深喉嚨的歡樂殿堂沒有捷徑，只有多練習、熟能生巧。練習雖未必能擔保此後與反嘔絕緣，但起碼可以降到最低，或在能容忍範圍。

男性陽具勃起的平均長度約為12.7～15.2公分間，我們的嘴巴從嘴唇到喉頭約8.8公分，所以當整根深入時，勢必動用到喉頭後方凹滑下去的空間。

這便是很多人卻步的原因，畢竟一般我們碰觸到喉頭後方，或多或少都會反嘔，乃正常的生理反射動作，只是程度不同而已，即使口交達人也不能完全倖免。

你絕非唯一會咽頭反嘔的人，不必太氣餒，也不要以為自己哪裡錯了，或疑心到對方身上。

如果對方對你的賣力演出還不夠知足，對付這種人，最好事先準備一條黃瓜，要他比照辦理：「不然你給老娘吞吞看，看你會好到哪去？」

據悉，魔術大師胡迪尼勤練喉頭肌肉，練到不輕易有痙攣反應。當他表演魔術時，喉頭就成為藏東西的所在。

當然，你不必練到這種地步（難不成口交時，你想從喉嚨裡抓出一隻兔子，或飛出一隻白鴿？）但是胡大師的例子給吾人的啟示是：要怎麼收穫，先怎麼栽！練習絕對有回饋。

認識喉嚨

嘴巴是人體最常使用的器官，我們卻不見得都清楚自己的口腔構造。倘若能預先有心理準備，知曉陽具進行深喉嚨抽送時，將頂到何處？以及為何會造成嘔吐感？那麼，心中的不安與恐慌就容易驅散了。

張開嘴照鏡子，你會看見口腔後上方有個像小鐘擺的東西，叫做「懸雍垂」，再往後便是咽門、咽頭，滑行下去便是看不見的聲帶。

咽頭，銜接喉嚨與氣管、食道。當進行深喉嚨時，陽具的頂端就是抵達到這個位置。

有異物頂到咽頭而作嘔，乃十分正常。因為咽頭分布著舌咽神經，當有體積過大的東西想要闖過喉嚨時，它的神經會動員起來，做出欲嘔的動作加以阻擋，以維持呼吸順暢，這是一種身體的自保機制。

喉嚨深處與「懸雍垂」相對的下方，叫做咽喉軟骨，專職將氣管、食道隔開，具有看門者的功能。它接收神經傳導的訊息，決定要開放氣管讓空氣通行，或開放食道讓食物或流質吞嚥。

有時，當我們吃飯或喝水太急，一不小心被嗆到，就是本來該進入食道的米粒或水跑進了氣管。等於說是軟骨這個門房疏忽，放錯了人過關。

當氣管開放時，食道就關閉；而開放食道時，氣管也一樣會封閉。也就是說，兩個管道不會同時放行。因此，當我們嚥口水或吞東西時，是在暫時停止呼吸的狀態。

當在進行深喉嚨時，陽具深入咽喉，軟骨便會關閉氣管，僅開放食道部分。

所以進行深喉嚨口交，當龜頭往前抵到喉頭時，必須切記這一點：暫時摒住氣息。

因為這時，龜頭頂到咽頭，萬一心生慌張，忘記保持暫

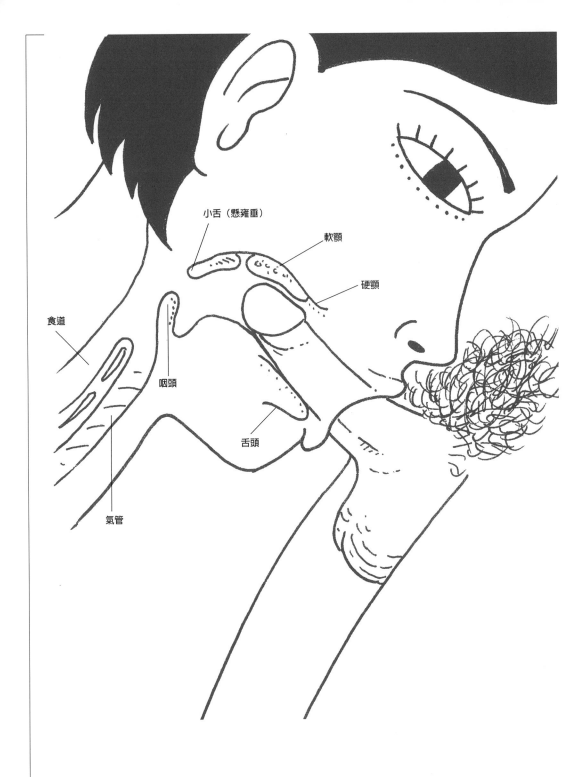

小舌（懸雍垂）

軟顎

硬顎

食道

咽頭

舌頭

氣管

且禁氣，則會下意識地想猛吞空氣，自然就直接衝撞已經關閉的氣管，更加助長了龜頭抵在咽頭的催吐效果。

當陽具往後抽之際，把握這個時機趕緊換氣呼吸。

萬一有反嘔感覺出現，或真的反嘔了，宜保持頭腦冷靜，不必驚慌，視作正常現象，不適感很快就會消失。

以下幾項因素，會影響進行「深喉嚨」難易度，如呼吸、角度、姿勢、韻律。

呼 吸 節 奏

做深喉嚨時最好以鼻子呼吸，吸氣與吐氣都要配合著陰莖進出喉嚨的節奏。把動作分解開來，彷彿三部曲：

1. 陽具往前深入，你的嘴唇漸漸被陽具塞滿，這時就要慢慢吐氣。

2. 陽具頂入到咽喉底部，那兒是對反嘔最敏感的區域，此時吐氣已經到了底。就如上述那樣暫停呼吸。

3. 當陽具往後抽回時，鼻子趁空檔立即吸氣。

選 擇 體 位

以下兩種體位，形成陽具不同的切入角度，是做深喉嚨時較好的選擇。

一、正面法：

A. 當他正面仰躺，你可以騎坐在他身上。

有些男人的陽具略微彎曲，如果他的陽具是向上彎曲，那麼你騎坐在他胸口，面對他的腳。如果他的陽具是向下彎曲，那麼你騎坐在他大腿，面對他的頭。這樣一來，其陽具向上或向下的弧度，就剛好與你的喉嚨弧度配合。

B. 當他坐著，你採行蹲姿，即蹲在他的雙腿間。

以上AB兩種姿勢，均面對他的陽具，也就是你的臉部在他的陽具之上，低頭正好俯看著它。做深喉嚨時，你那張打開的嘴巴，就緩緩「從天而降」，直到將陽具吞入喉嚨。

二、邊緣法：

你躺著，頭部壓在床鋪或沙發邊，有些往後仰的樣子，脖子則是紮實頂住床沿或沙發墊邊緣，而非懸空。這個姿勢會使你的喉嚨往後撐開，喉道也會變長。

而他則站在你的頭後方，雙腿打開的縫隙是你的頭部擺放的位置。他的陽具從上而下，徐徐伸入你的喉嚨。

採用這兩種基本體位法，你的喉頭比較不會反嘔。但各人的身體的適應性不同，也可以在這兩種體位之外，盡量多嘗試不同的吞入角度，直到感覺最舒服、自在為止。

所有的姿勢中，都不宜採取坐姿，而讓對方站著對你進行深喉嚨。因為當你坐著時，臀部被釘死了，上半身能周旋迴轉的空間有限，喉嚨也就無法保持彈性挪動。

心 理 調 適

如果你是新手上路，最好由你主動掌控整個動作，對方成為被動。這樣你比較有安全感，而且也較能即時處置自己的各種生理反應，例如當緊張、反嘔、呼吸不順時，可以立即採取因應之道，像隨時停止或放慢吞入的動作，或重新再來一遍。

人們對深喉嚨不喜或畏懼，固然很多是生理原因，但也有心理因素。你必須好好思索不喜歡的原因出在哪裡？譬如，深喉嚨有某些象徵意義你不以為然？在這個動作中，你不滿意自己扮演的角色？

如果你真的意興闌珊，甚至有抗拒之意，就不要勉強去做。因為即使做了，雙方也不見得舒服，更可能導致不

快。所以問清楚自己，在你的心理尚未準備好之前，寧可不勉強。

能夠讓一個人完成深喉嚨的最大助力，就是發自內心的意願。不管是受到對方的吸引或基於愛意，或其他因素，只要真的想去做，就會神奇地發揮身體的潛能。

很多過來人表示，當慾望高漲，很有意願去做時，喉嚨自然會接收到腦子的訊息，便容易放鬆放軟，盡享其樂。

但如你是被迫上陣，也許騙得了他，卻騙不了自己喉嚨的肌肉與神經，它們會消極地繃緊，你很可能就一直作嘔，搞得雙方都敗興。

專心與否，也是做好深喉嚨的重要助力。如果心有旁鶩，神經與肌肉的應變能力便會下降。

倘若你感到身體不適（感冒、吃壞肚子、頭暈、噁心、反胃、脹氣等），或者吃太飽、剛喝了酒，都不要勉強做深喉嚨，這時你的生理狀況處於容易催吐的邊緣，很難再禁得起深喉嚨的刺激。

如果你是陰莖的主人，千萬不要忘形地抓起對方兩耳，下體拚命往前頂。有時你可能是好心，想抓著對方耳朵，助其「就定位」，但幾乎所有人都不喜歡耳朵像抓牢駕駛盤那樣被抓緊，這個動作也會使對方的喉頭更容易反嘔。

老實說，會做這種動作的傢伙，活該「回家吃自己」，遇上這種人，對方若想及時打住，也是這傢伙應得的下場。

總之，深喉嚨是口交中的高級動作，需要配合的心理因素也較複雜，所以一旦有任何原因讓你感覺不舒服，你都有權利喊停。記著，決定權在你！

獨門小撇步

●感到欲嘔時，可以將陰莖從口中抽出，暫時後退，深呼幾口氣，嚥口水。等喉頭舒緩了，再繼續上路。（雙手

微微捧住胸口也有幫助）

●當陰莖不斷地在嘴中抽送時，可以技巧性地採取「偷工減料法」，緩一緩喉頭的壓力。

作法如下：當吞入陰莖時，在數次中，有一次真的深入咽頭，然後夾帶幾回合的「淺層」口交（即含到快抵達喉頭，但並未真的抵到），再來一次真的深喉嚨，接下去以此類推，一長吞吐，數短吞吐。

在抽送時，因為動作連續，就算夾帶不算真的深喉嚨動作，藉機喘口氣，對方也不會知覺或在意。

●另一種是「交替法」，跟前一項類似。深喉嚨數次之後，改由握拳搓套陰莖數次，再回到深喉嚨，然後又改成用手搓套，以此類推。

●如果他進入飄飄欲仙、無法控制狀態，而忘我地放大動作，頂得你喉頭想反嘔時，最簡單的解決方法：以手握住他的陰莖根部，讓它戳入嘴巴時，不會像原來那麼深，因為此時戳入的深度，已被拳頭的寬度減少許多。

這個伸拳頭的動作神不知鬼不覺，可以擋住對方的連番突刺；而且，握住陰莖的拳頭也有點類似嘴巴的延伸，還是會讓他有快感。否則你突然把臉別開，或硬將陰莖從口中吐出，是有點掃興。

●添購假陽具，私下多練習，讓喉頭習慣被東西頂到的感覺，漸漸適應後，就不會那麼輕易反嘔了。

也有人喜歡就地取材，以香蕉代用。蕉肉香軟，頂起來較舒適，最後還可以吃水果養顏。但必須注意，有的香蕉過粗並不合適，也需當心萬一香蕉折斷，會塞住咽喉。而且，陰莖畢竟不像香蕉那麼彎。所以吃香蕉（小黃瓜亦然）只是適應氣氛，最好買根假陽具「練功」比較實用。

購買假陽具時，要選擇與真人（或與你想做深喉嚨的那

個對象）相去不遠的尺寸，太大或太小都不宜。對新手而言，最好從最小的尺寸開始練，再逐步增大到真人尺寸慢慢練，終成大器。

以假陽具練習有個好處，可以訓練呼吸。做深喉嚨時，呼吸是最難的一環，需要多加練習。畢竟現實生活中，很難會有一根真人的陰莖「隨時待命」。

切記，買那種有底盤的假陽具，在吞入喉嚨時，能以手抓牢底部，避免滑落，造成堵塞；也預防頂入時，萬一咽喉緊張，能夠馬上拉出，並放心做頂入較深的練習。每次練習時，都要記得抓緊假陽具的底部。

●還有一個小動作可以幫助減除反嘔。平日，可練習將小舌頭，即懸雍垂抬高。可以在鏡子前，打開嘴吧，然後練習打哈欠。打哈欠的動作會自然地讓懸雍垂提高。

練習了一陣後，第二階段的練習就是能夠自由自在地，隨心所欲在任何地方抬高懸雍垂。這條小舌頭抬高之後，口腔的空間多很多，可以讓陰莖避開懸雍垂，而少掉嘔吐的不適。

據說，練聲樂的男女都深諳怎樣把那條小舌頭上提，祝福你找到這種珍貴的朋友。

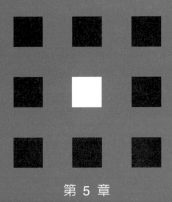

第 5 章

———

口交好體位

選對姿勢好辦事

口交的好處在於其便利性，可以輕易「就地取材」，配合各種場所的條件，圓滿達到任務。因此，口交能採取的姿勢非常多，在不同環境因素下，都方便做調整。

例如，在不少電影中，出現汽車內親熱的畫面，都屬於口交一族。幾年前，英國紅牌小生休葛蘭在洛杉磯召妓，被警方臨檢逮個正著，成為著名的妨害風化現行犯，就是最轟動的「車床族口交版」。

不僅在汽車內，其他如樓梯間、電梯、儲藏室、更衣室、浴缸、辦公桌底下，甚至誇張一點，在機艙洗手間內，都可見口交的身影。

喜劇電影《金牌警校軍》中安排得更具挑戰性，警校校長在台上演說，講台下卻藏著一位女生，暗地拉開他的拉鍊，也在對他「口沫橫飛地開講」……

不同的口交姿勢各有其優缺點，每個人適合或喜愛的姿勢也不一樣。即使你已經有了習慣的姿勢，仍建議多多嘗試新方式，體會不同的感受，以增加口交的樂趣。也許，你會發現原來還有更好的姿勢。

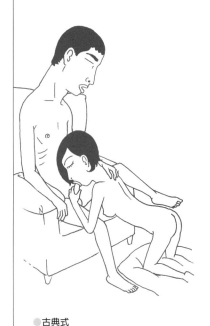

●古典式

坐式

古典式

這個姿勢叫作「古典式體位」（Classic Position），表示它淵遠流長，也擁有最多票房。

被口交的那一方靠坐在床上或沙發上（因為有靠背，不怕坐久了背部會酸），你則跪在其雙腿之間，雙肘拉開，可以輕鬆地擱在對方坐著的膝蓋上。

雙方採取最舒服的姿勢，至少要有維持15分鐘的生理準備；也就是說，最好採行能夠坐上、跪上這麼一段時間的

姿勢，而不易感到酸麻的角度。

　　坐者可以在腰臀處多放一個靠墊，你也不妨在膝蓋下多放一個坐墊或枕頭，增加舒適感。假如不便跪立，也可以讓坐者的高度稍高一些，如坐在一個靠枕上；而你就改坐在一張矮凳子或硬物上。

　　這個姿勢有個好處，雙方面對面，位於一高一低，可以直視彼此的表情，饒具調情氣氛。尤其當被口交者喜歡欣賞自己被吹簫的性感畫面，在所有姿勢中，就屬這個坐姿的視野最佳了。另一個好處，是你採取俯姿，臉部朝下，脖子不必時時抬舉，便較不易酸疼。

　　這個古典式體位，還有一種花式叫做「著力點體位」（Power Point Position）。被口交者坐在沙發一半的位置，身子便能微微前傾，一隻手肘頂靠在沙發墊上。你則蹲跪在身旁，採側向姿勢。

　　這樣的坐姿能使被口交者的身體半斜躺，下身區域比古典式體位較能寬敞地開放，雙腿可盡量打開，不管是口交或手部愛撫陰唇、陰囊、會陰都很便利。

側坐式

　　被口交者的坐姿與上述相同，但你改個方向，蹲跪在其側邊，與對方的身體形成垂直。你的雙手可微搭在對方的大腿上，彎下頭部進行口交。

　　這個姿勢的好處，是由於角度的關係，你除了動口，還可以非常便利地使用右手（如果是左撇子，就蹲跪在另一面側邊），一邊對被口交者展開全身愛撫。

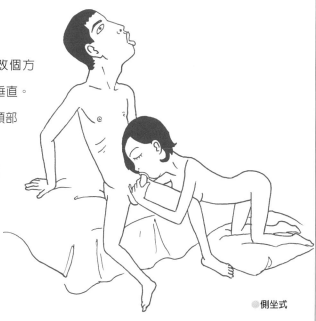

●側坐式

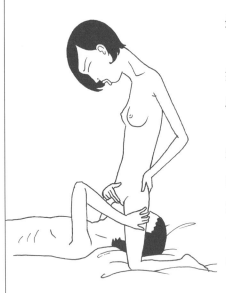

●坐在我臉上

坐在我臉上

這個姿勢在英文稱呼是「Sit on My Face」，十分有名。據悉，它也是在酒吧釣人的煽情台詞：「你如果坐在我的臉上，我就能說出你的體重。」

英國搖滾團體Monty Python專為它寫了一首歌，在1982年發行的電影《脫線一籮筐》（Monty Python Live At the Hollywood Bowl）中演唱：「坐在我臉上，告訴我你愛我；我也將坐在你臉上，跟你說我愛你。」這首歌在網路上還頗為流傳，唱得煞有介事。（網址：htp://www.tur-oks.net/Bordello/SitOnMyFace.htm）

還有一種叫做「坐在我臉上」，又名「口交」（Blow Job）的調酒，調法為：1/3盎司Kahlua甜酒、1/3盎司Frangelico奶酒、1/3盎司Bailey甜酒。

喝這種酒的方式很特別，不能用手持酒杯，必須以口咬住杯緣，舉起後，咕嚕吞下。（不然「口交」調酒是叫假的？）

但，「坐在我臉上」可不是真的「坐」在某人的臉上。

你先躺著，被口交者則採取跨騎姿勢，雙腿打開，跪在你的頭部兩側，並將性器官貼近你的嘴部。

這個姿勢的好處有：

1. 具情色意味，能帶動強烈的慾望氛圍。「性器壓頂」的視覺意象豈能不惹火？

2. 被口交者身子往前傾，雙手抵住面前任何可支撐的東西（如牆或床板），便可以由被動變成主動，隨興以各種角度、速度，在你的唇舌間摩挲自己的性器官。

3. 被口交者如果稍微往前跪，臀部略張，就能便利你舔到會陰、肛門（男士還包括陰囊）。

4. 你可同時以手撫觸對方的小腹與臀部，特別是這個姿

勢使臀部洞開，最適宜一邊口交，一邊以手愛撫之，或摑打屁股（spank）取樂。

69，乃雙方同時為對方口交，頭對著腳，腳對著頭，兩具身體的形狀彷彿阿拉伯數字「69」而得名，這個姿勢鼎鼎大名，常常變成口交的代名詞。中國春宮畫中，把這個姿勢取名為「各得其所」（見彩圖8），倒真名符其實。

69姿勢，可分為兩種體位：

上下交疊式

一個人趴在另一個人身上，互相把口對準對方的性器官位置。上下交疊的好處，雙方身體大部分貼合，體溫交換，更添親密感。

上位者的雙腿必須撐開，因平常不太做這個姿勢，拉筋的效果格外有助於刺激恥骨附近的性神經。

通常，因為女性體重較輕，都是女生在上，男生在下。

女生在上位時，吞吐陰莖有較大的空間，比在下位時頭部受限制容易得多。女生在上，也較有主動權，可主動移

●上下交疊式

快或移慢臀部，掌握陰部被舔的頻率、強度。

另外，兩人在過程中想要變換點花樣的話，可短暫中輟口交，女生用乳房摩擦男生的陰莖、大腿，多添一味。

但無論男女，上位者仍需以手肘、膝蓋稍加撐住，不宜將全部體重壓上去，造成對方的負擔。

在下位則較為辛苦，口交時，脖子必須配合上下擺動，吞吐的動作也較受限制，幅度無法過大。為了減輕脖子負荷，可在頸下放置一個枕頭或靠墊支撐。

下位者在口交時，除了吸舔性器官，還可將上位者的雙腿打開一些，這時略抬起頭，便可一路往上舔去，包括會陰、肛門，或以手指愛撫這兩個部位與臀部。

記著，不管在上或在下，這個姿勢皆不適宜孕婦。

左右相併式

雙方頭尾相向，面對面，均以側身著地；一樣地，互相把口對準對方的性器官位置。

為了舒適起見，雙方可在頭部下各放一個枕頭或靠墊，或將頭伸向對方張開的大腿間，輕輕枕下。

這個姿勢適合體重較重者，有69的優點，卻無其負擔，持續時間也比上下交疊式長。

雙方亦可不必完全躺平，各自以單隻手肘支撐在床或地面，上半身便能微幅揚起，頭部一樣能方便地彎向對方性器官的位置。

採取這個姿勢時，想要多點變化，可暫停口交，女方用雙乳將男方的陰莖夾住，讓他主動抽送一陣，有點「買一送一」的樂趣。

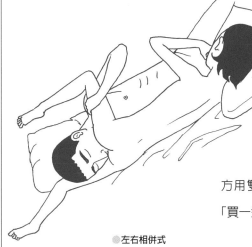
●左右相併式

有些人非常喜愛69，認為同時「施」與「受」很迷人；但也有人甚少採行，寧可先一對一，然後再交換。後者認為要同時為對方口交，又要顧及自己被口交的快感，一心難以兩用。尤其當自己快達到高潮時，又要忙於繼續幫對方口交的話，便無法專心衝上最高點。

美國知名女作家海倫‧勞倫森（Helen Lawrenson）就說過一段名言：「依我個人之見，69真叫人迷惑，好像有人同時輕撫你的頭又按摩你的腹部。」

所以，很多人是在前戲中，或不急著達到高潮時才玩69，當成情趣的花招。也有人是在高潮過後，身心鬆弛，才以這種彼此慢慢品嚐的方式示愛。

不過，69的概念是「一起享受口交與被口交」，卻未必意味一定要「同時發生」。也就是說，當一方覺得被口交得非常舒暢時，大可暫停幫對方口交的動作，改由手指愛撫（比較不會分心），自己趁這個當下專心享受。

躺式

躺 式 的 四 種 變 化

1.被口交者躺在床上或地上，兩腿打開；你則跪在雙腿中間，彷彿低頭享受野餐。

2.你也可以用趴的姿勢，俯躺在對方雙腿間，上半身略微昂起，以兩個手肘支撐，雙手可以往下抱住對方的臀部，將其捧上，湊準自己的嘴。

當你採行趴姿時，被口交的那一方最好雙腿屈起。這樣一來，你的雙臂可以從對方屈起的雙腿間通過，抱住其兩邊的臀骨，較容易調整對方的身體角度。

也可以將對方的一條腿，或雙腿舉放在自己的肩頭，使其性器官張開的弧度變大，更加湊近你的嘴部。

3.還有另一種變化，被口交者躺姿不變，你則換成蹲跪身

旁,從側面俯身下去口交。

4.被口交者側躺,左邊、右邊均可,曲起一條手臂當枕頭。你的肩膀拱起對方的一條腿,讓它倚靠。此時,你的頭可枕在對方抵靠床鋪的那條腿上,而你的嘴部正好面朝對方的性器官。

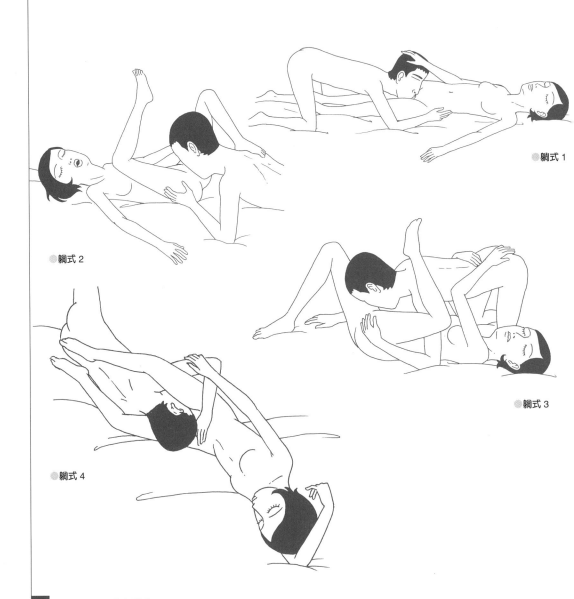

◉躺式 1

◉躺式 2

◉躺式 3

◉躺式 4

利用床沿高度變花樣

1.被口交者先背對著床，站在床邊，然後身子往後躺下。此時，雙腿係以九十度彎曲，保持張開，放置於地上。你則跪在對方撐開的雙腿間，膝下放置靠枕，可跪得更舒適。這個姿勢讓你不必過度垂下頭，只消略低頭就能進行口交，雙臂也方便靠在對方的腿上。

2.被口交者維持第一種躺姿，你則趴跪在其側邊，手肘可放鬆，抵住床緣。

3.被口交者的躺姿類似第一種，但把雙腳抬上來，抵住床的邊緣。臀部下可放一或兩個枕頭，將下部抬高，身子有點往上拱。你的手臂穿過被口交者屈起的雙腿縫，上手臂可抵住被口交者的臀部，方便挪移其下體的角度。在摔角中，這個姿勢叫做「波士頓揪扭」（Boston Crab）。

4.被口交者還有另一種變換姿勢，就是雙腿往上舉，朝胸部方向彎曲，並以雙手環抱住。這個姿勢有個趣味的名稱叫「被捕獲的烏龜」（Captured Tortoise），好像四腳朝天，被自己的殼頂住的烏龜。此一姿勢能讓被口交者的下體「門戶大開」，使性器官、會陰、肛門完全展露。

●被捕獲的烏龜

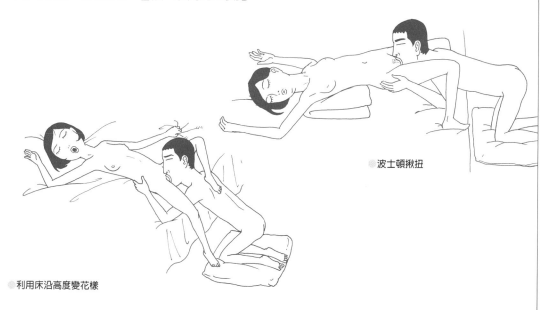

●波士頓揪扭

●利用床沿高度變花樣

如果躺著的是女性，此一姿勢很方便在你一邊口交時，一邊以情趣玩具抽送「可愛母龜」的陰道。

　　有些人的腹部較有肉，不易以雙手抱雙腳，可以另一姿勢取代。雙手分別抓住一隻腳的腳踝，即雙腳各自平行被往後拉，不必交叉，腹部才不致憋得不舒服。

立式

　　站姿較適合被口交者是男性，但若女性是站立者，也自有一番趣味。

上教堂式

　　由於口交者採取跪姿，因此這個姿勢在英文中，被稱作「上教堂」（Going to Church）。

　　為了能站得較久，對方可倚牆而立，有個靠山。口交過程中，他如能對你的頭施以愛撫，雙方之間會更有互動。

　　你採取跪姿時，面對著他，雙手或單手可扶住陰莖；或者雙手伸向他的背後，按在他的臀部上，彷彿將他的陰莖往前壓，有節奏地向你的口中送。

　　此時，即便是輕輕摩挲臀部的肌膚，也能帶給他美妙的滋味。

●上教堂式

吞劍者式

　　這是第一種站姿的花式變化，叫作「吞劍者」（Sword Swallower）。

　　對方站立著，但一腳跨前，另一腳殿後，有點像在跨步。跨前那隻腳的膝蓋彎曲，殿後的那隻腳向前抵住，壓低身體重心。你則雙手雙腳趴在地面或床上，底下均可放置墊子，較為舒服。

　　他因膝蓋微屈，下體的位置正好與你的嘴巴成水平線。

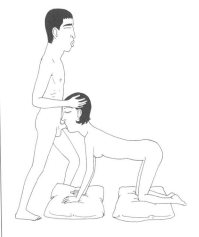

●吞劍者式

由於他一腳在前，一腳在後，很方便以臀部使力，進行前頂、後抽的動作。

深喉嚨式

你躺在床上，頭部的位置剛好落在床緣，並微微向後仰垂，喉嚨會因此撐直，較能迎合戳入的陰莖，使其能戳得更深，較無阻力，使咽頭反嘔減至最低程度。

被口交的男士則打開雙腿，由你的頭部後方靠近，將陰莖伸入你的口中，主動以臀部施力抽送。他的雙手可以撐在床上支持體重，身體呈現略微向前的傾斜狀。

你的雙手可擱在身旁，也可以伸向後方，抱住他的臀部。假如他抽送過猛，而你的嘴又被塞滿，無法出聲，便能藉由抱住對方臀部的雙手示意阻擋。

◉深喉嚨式

床頭站立式

你先坐在床上，背部抵靠住牆或床頭板，為了舒服起見，可以在腰後以及脖子後方各放置一個枕頭或靠墊。

被口交者則站到床上，雙腿打開，幅度大小以性器官的位置剛好與你的嘴巴呈水平線為主。他的雙手可抵住牆壁，一方面支撐身體，一方面維持平衡。當對方站好了這個姿勢，對準你的嘴部，便可開始一前一後摩擦（若是女性）或抽送（若是男性）。

被口交者也可以單腳站立，將另一隻腳跨上（或膝蓋靠跨）床頭板，形成雙腿岔開，使會陰部的區域變寬，以方便你對這塊敏感地帶展開攻勢。

你在這個姿勢中較為被動，多由被口交者主動挪移性器官的方向與速度。但因你的頸後有東西靠著，坐著也頗為舒適，所以對你而言，這姿勢較能持久。

◉床頭站立式

●沙發站立式

沙發站立式

你坐在地上，背部靠著沙發，頭則往後仰，剛好讓脖子能枕在沙發的邊緣（如果沙發不夠高，可再多放一個靠枕墊高，使頭部能舒適地仰臥著）。這個坐姿，可使你完全不必費力支撐頭顱。

被口交者可以手扶住沙發靠背，固定身體的重心。也可以用單腳站立，另一隻腳的膝蓋跪在沙發上，並調整性器官的高度，剛好對著對方的嘴。

這個姿勢跟「床頭站立式」一樣，比較不會有脖子酸的問題，能進行較久一點。

跪式

●雙人趴跪式

雙人趴跪式

被口交者的雙手雙腳四個點著地或床，雙手底下可放置枕頭，讓身體像一張桌面呈水平狀，並揚起臀部。

對方也可以俯低上半身，臀部翹起，好像是趴下，手肘與頭抵住地面的那種祈禱姿勢。你則在被口交者的身後採蹲跪姿，從其臀部後方進行口交。

狗趴式

與前一個姿勢相同，被口交者手腳四點著地或床，你仰面躺下，頭部位於對方的雙腿間（頭部朝向被口交者的頭或腳皆可）。

這個姿勢與上述的「坐在我臉上」類似，差別是被口交者從跪著、上半身直挺的姿勢，變成狗趴式。其好處是被口交者整個臀部張開

●狗趴式

的幅度相當大，對喜歡會陰部受刺激，尤其偏愛肛門快感（被舔肛門、被以按摩棒振動肛門、被按摩棒或手指頭插入）的人最適宜。

當趴著的是男士，應避免從臀部下方將其勃起的陰莖往後拉；因為充血的陰莖直挺挺，較缺乏彈性，有些男士覺得被往後扳的感覺，像是在折斷筷子。

互惠式

這個姿勢較適合被口交者是男性，口交者為女性。

男性雙腿跪在床沿，女性站在床邊，俯下身子，一條腿站立，另一條腿跨在一個墊高的東西上。男性的身子略微前傾，一隻手依靠在女方的腰背上。

女方的口腔對準男方的下體，開始吸吮他的陰莖，一隻手可把玩他的睪丸。男方因身體前傾，另一隻手就能輕易地伸入女方的雙腿間，摳進陰戶內，展開撫弄。雙方互惠，各享其樂。

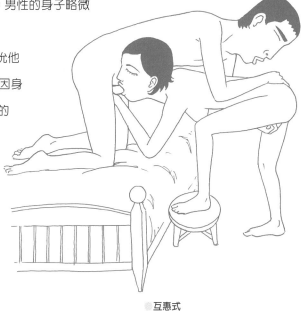

◉互惠式

倒掛式

由於男性一般比較有力，「倒掛式」比較適合女性被倒掛。它的型態乍看有些技術，所以又稱「瑜珈式」，但其實難度不高，除了背部有舊傷或容易扭到，不然一般人都可享受。

女性躺著，雙腿被男性拉高，跨放在肩膀上，整個身體呈45度傾斜。但她的重心有部分是落在自己的肩和頭部，而非全落於壓在男方雙肩上的下肢。

男性採行跪姿，雙膝張開幅度盡量撐大，以支持身體重心。此時，他的頭部剛好位於她的雙腿間，一隻手可扶住

她的臀部，以穩定重量。他的另一隻手也別閒著，可輕捏她的陰核，或垂下去愛撫她的乳房、小腹。

這個姿勢能夠讓男性一低頭，嘴巴正好對準女方的陰部，像一隻蜂兒殷勤採蜜汁，還可盡覽她的身體與表情，極其惹火。

女性被倒吊著，由於身體傾斜，有種無力的受宰制感，覺得似乎下體任由擺佈，徹底投降於肉慾之樂中。

男方如果用快速而略帶侵略性的頻率，甚至一邊發出類似野獸的聲音助興，格外有挑情煽火的效果。

如果男性身子較高，女性矮他許多，可以在她的肩膀下放置一個枕頭，便能拉近彼此身體的距離。

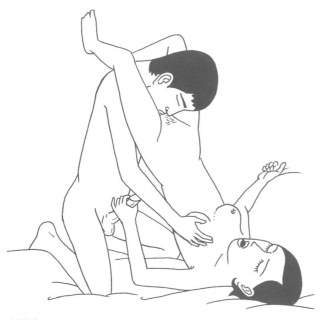

● 倒掛式

別讓「口交」變「口焦」

對男性口交與對女性口交的最大不同，在於因吞吐陰莖的嘴型關係，時間一拖長，容易引起口腔酸麻，甚至有時還會抽筋。

通常口交被當作性交的前戲，花費時間都在一個合理的範圍。不過也有的伴侶喜歡「純喫茶」，獨立享受口交之樂，不與性交掛勾，花得時間就比一般前戲長。

偏偏如果有些男伴遲遲不能達到高潮，那麼口交起來就會慢慢變成「口焦」，一張嘴又渴又累，身體又因保持固定的姿勢，弄到人仰馬翻。

既然為男性口交有可能花較長的時間，一開始就要選擇舒適的口交體位，避免脖子必須維持懸空、挺直的姿勢，以及避免身體不自然的扭擺動作。

在進行口交時，假如感到口腔酸麻或下顎緊繃，往往都是因持續吞吐陰莖的動作造成，這時可改由手去搓套陰莖，讓嘴巴趁機休息。或者，改舔他的龜頭、陰囊，因為舔這兩處時，口腔張開的弧度較小，不需開啟過大，正好讓下顎放鬆。

頸部感到酸累，也常在為男士口交時發生。姿勢大多是口交者仰躺，必須將頭挺在半空中吞吐陰莖。如果雙方採行這個姿勢，男士就要體貼一點了，當你跨在對方的臉部之上，對著口腔挺送陰莖時，應該微微托住對方懸在空中的頭，助其一上一下，減緩其脖子的勞動量。

在這個姿勢中，如果你是口交者，可以採取兩種方式減輕脖子的負擔。第一，雙手往後交叉，自行托住脖子。第二，多墊一個高度適中的枕頭。

不管是先天因素或後天文化使然，一般來講，男性對視覺刺激的接收比女性強，很樂意觀賞自己的陰莖在對方口中出入的雄姿。既然如此，無論你們採取哪種口交姿勢，就不妨多這層考慮，盡可能讓男生有機會看到口交畫面。

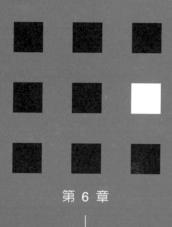

第 6 章

———

性愛因創意而偉大

享受性愛就像吃冰淇淋，有各種口味和多樣配料。

傳統的情慾，多被稱之為「香草式性愛」（Vanilla Sex），成為平淡性生活的代名詞，但隨著時代進步、觀念開放，情慾也朝向多元化發展，漸漸成為現代生活的趨勢。於是在香草口味之外，我們還能添加草莓、巧克力、薄荷……等其他口味，大快朵頤。

以下的花樣，每一樣都是法寶，可以神奇地助長快感，使口交的樂趣更上一層樓。

情挑五感

視覺

一般人親熱時都習慣關燈，或在昏暗的光線中進行，殊為可惜，浪費了視覺的刺激效果。

看著自己的私處接受對方唇舌的挑逗、含舔，其實十分性感。不妨變化一下，選擇在白天，或改變為開燈的方式進行口交，好好欣賞這幅火熱景象。

鏡子，也有很好的催情功效。在大鏡子前口交，可看見自己舔食的模樣，也可欣賞到對方身體（特別是性器官）的不同角度。

為男性口交時，遞給他一面小鏡子。因為男人好大喜功，最喜歡在視覺上享受自己殺進殺出的雄風，從各種視角自我觀賞，更能撞擊他的性慾。

相反的，利用視覺的另一招，就是讓對方徹底看不見。

以眼罩矇住雙眼，當失去了依賴最深的視線後，安全感便會消失，身體即自動產生警戒，神經系統全動員了起來。這時施予口交，刺激強度也跟著提高。因對方無法預知被舔的落點，會全身警覺。一旦被舔到了，也會有被搔到癢的甜蜜威脅感。

別嫌戴眼罩多此一舉，因戴上了眼罩，與自動閉眼（總

有隨時可睜眼的有恃無恐心理）效果截然不同。

視覺不僅指光線的明暗，也包括視覺挑逗。

口交前，雙方都可大玩脫衣秀。脫衣在視覺上相當煽情，譬如穿著性感的內衣，在彼此面前慢條斯理地、欲露還遮地脫下，一邊做出誘人又不讓對方吃到的表情，將使口交累積飽滿的能量。

除了性感內衣的視覺，還有性感動作。如女方在男伴面前伸手不及處，故意背對著他，慢慢彎下腰讓臀部翹高，陰戶半掩半現，保證這隻「視覺動物」發出狼嚎。

別以為只有男人享受脫衣挑逗，有些女性受到脫衣舞撩撥的程度可能超乎意料之外。男生在女伴面前大跳猛男秀，讓不聽話的「小老弟」在窄小的內褲中，搖頭晃腦到幾乎穿幫，色相撩人，讓女伴的眼睛大吃冰淇淋，誰說女生不能也變成「視覺動物」？

聽 覺

聽覺在性愛上的好處時常被人忽略，適度地以挑逗的話當開場白，是一場精彩床戲的絕佳開場。

聽覺，分為純粹聲音的呻吟與有表達意思的話語。當你被舒服地口交時，歡愉請勿憋著，試著盡量哼出來，不管男生或女生的淫聲浪語，都能幫對方助興。

至於話語，要帶點鹹濕，帶點撒嬌，帶點要

脅，帶點逗弄，甚至無厘頭、髒話亦無妨，只要雙方樂意。台詞可自行編撰，必要時也可參考A片。

一開始若無法說出口，可以故意半開玩笑式或誇張式進行，當雙方嘻笑一陣後，比較敢於「鬆口」。

觸 覺

先做些舒緩筋肉的按摩讓身體放鬆，然後手法漸漸轉為調情，例如以指尖輕輕地在皮膚上游動，或針對重點部位展開愛撫，當身體進入引燃狀態後，口交定會助長慾火。

此處所稱的按摩，較偏於情趣、調情。有一些特殊的觸磨方法，譬如，女生可將男生的陰莖夾在雙乳間上下摩擦；男生可用龜頭在女生的奶頭上左撥右弄，那種色瞇瞇的觸感很刺激。

嗅 覺

一「見」鍾情，恐怕要改說一「聞」鍾情了。

近來，科學界發現從前只在動物身上散發的麝香，其實在人類身上也找得著，那就是「費洛蒙」（Pheromone），亦稱「信息素」。雖然它無形無色，甚至人類的鼻子未必聞得出來，但它的確存在，也默默在發揮神奇功能。

Discovery頻道曾製作專輯探討味道，其中有項針對費洛蒙的實驗，令人大開眼界。研究人員邀請一對長相幾難分辨的雙胞胎姐妹，出席一場年輕男女聚會的雞尾酒會。

首先，妹妹單獨出場，站在適當位置，亦即人潮不多不少，方便搭訕的地點。但半個鐘頭過去，竟無人跟她交談一句話。

研究人員將妹妹喚回，偷偷調包，由穿著一模一樣的姊姊出場，仍站在相同的地點。唯一不同的是，姊姊身上塗有費洛蒙香水。結果奇妙的事發生了，陸續有幾個男生向

她寒暄攀談，行情邊增。

　一向以來，香水講究浪漫、含蓄，但當前的香水市場完全改觀，簡直慾望味濃郁，聞到讓人昏頭、發情。市面上除了費洛蒙種類，現在居然有廠商推出一款模仿女性陰部味道的香水，叫做「VULVA」（女性私處）。廣告詞說，這種氣味曾在做愛時讓男人銷魂，如今不必有對象，男人們也能隨時隨地嗅到它，而成為一尾活龍。

　在健康情況下，人體只要洗過澡，性器官的天然氣味就是一種催情劑。也有人特別喜歡某些部位，如腋下、陰毛，甚至腳趾頭。如果聞起來性感，舔起來一定更性感！

味 覺

　食慾與性慾，是一對攣生子，胃的飢渴與性的飢渴常有微妙關連。當性與食物融化在一起，「吃我吧，寶貝」（Eat me, baby）這句甜蜜的俗語便有了新意。

　很多食物都能為性愛助陣，比較受歡迎者，諸如：

●香檳：本身具有歡慶的傳統功能，意味盡在不言中。當香檳倒在人體上，特有的微小氣泡會一顆顆蒸散，使肌膚產生一種奇妙感。不喜歡喝有酒精飲料的人，可用氣泡礦泉水代替。

　將香檳澆淋在對方身上，濕漉漉，黏搭搭，然後大舔特舔。或是將香檳倒些許在對方的肚臍眼裡，以舌尖舔弄，吸乾為止。男性若有包皮，撐起來會形成一個杯狀，亦可將香檳倒入，慢慢吸光。

●巧克力醬：談到性或愛，怎麼可能遺忘了巧克力？巧克力與可可含有苯胺，具有陷入戀愛中那種類似嗎啡麻醉、放鬆血管的功能。

　十六世紀中美洲最強大民族阿茲特克人的頭目，一天起

碼要喝五十杯可可，才有能力安撫後宮六百名妃子。

幾乎全身任何一處（不包括陰道內）都適宜沾塗巧克力醬，細舔慢嚥，倍感陶醉。還可沾在指尖，在對方身上最敏感的部位寫字，玩猜謎。

●奶油霜：罐裝的奶油霜能噴出膨脹的白色泡泡，總讓人想起生日蛋糕，很能勾起喜樂情緒。

它適宜噴在女性的乳房、小腹、大腿內側、膝蓋；或男性的乳頭、龜頭、陰囊上，最好在上頭多加一顆紅通通的櫻桃，分外激發唾液。

在對方的手指上擠一些奶油，再將指頭含入口中慢慢舔乾淨，不管是男女都會覺得性感。也可以反過來，在自己的手指上塗抹奶油霜，然後塞入對方嘴中。

在舔對方手指時，要有一種舔糖果的愉悅（或曖昧）表情，務必讓對方看得到，因為這畫面無比煽情。

●冰淇淋：冰淇淋的口感本來就吸引人，口味多種，任君挑選；何況沾塗在身上，還多了一層冰凍的情趣呢。皮膚先被冰淇淋的冷滲入，隨即又被溫熱的口舌含入，忽冷忽熱，妙不可言。

冰淇淋適宜塗抹的部位，與奶油霜類似。

●蜂蜜：蜂蜜濃稠黏膩，感覺就跟惹火的性愛一樣迷人，甜得化不開。早在西元前五世紀，古希臘名醫希波克拉底（Hippocrates）就為婚前焦慮的新郎開出蜂蜜處方。這也是蜜月（honeymoon）這個字的由來。

果醬亦有雷同的作用，但更為黏稠，甜度也更高，跟冰淇淋一樣有許多不同種口味挑選。

●水果：將果肉軟而多汁且容易塗抹的芒果、西瓜或奇異果，切成一小片抹在肌膚上，然後以舌頭舔光。剛從冰箱拿出的水果，冰涼透肌，更為帶勁。

●果凍：也可拿來作情趣用品，光想像它軟而膠著的德性就很鹹濕了。

還有一帖家常味，知道的人可能不多。「嗅覺、味覺治療與研究基金會」指出，男性聞到剛出爐的派時，每每難以自禁，尤其以南瓜派、甜甜圈、肉桂最明顯，會使男性下體血液沒來由地洶湧起來。

全身都好玩

利用毛髮

　　口交時，相當時間都是頭部在移動，這時女性頭髮、男性鬍髭（或平頭）正好可善加利用，製造特殊的觸感。

　　女性一邊口交時，可以把頭微低，讓頭髮倒垂下來，然後輕輕轉動頭部，使髮梢正好接觸到對方的皮膚，集中於性感帶，搔癢兼挑情。長髮效果尤佳。

　　男性一早刮過鬍子後，往往到了傍晚，鬍子根便長了些許。在口交時，他可以將下巴的鬍渣輕輕摩擦對方的身體，如脖子、奶頭、大腿內側、小腹、股溝、性器官周邊、臀部、腰部。但女性的陰核十分敏感，切勿以有點扎人的鬍髭去磨。

　　男性理著小平頭的短髮根，也是一項絕妙道具。

利用乳房

　　女性不要忘了妳還有乳房這個利器，無論採取哪種口交

姿勢，過程中盡量以乳房（有意無意地）磨觸他的身體，撩得他發癢。

乳交是不少男生深感新鮮刺激的動作，本身未必是主菜，但絕對是可口小菜。乳交也可與口交結合，彷彿小菜又添灑香料，更加美味。

女生正面躺下，男生雙腿撐開，跨跪在她身上，將陰莖放在她的雙乳之間。她的雙手從兩邊將雙乳往中間擠，夾住陰莖。或者也可由男生動手，從乳房兩側外邊往內壓，加點潤滑液可讓夾住的陰莖更滑溜。

當男生開始抽送陰莖，乳房夾得鬆或緊可由女生或男生任何一方控制。

乳交的另一種體位是男生正面躺下，女生面朝他腳的方向跨騎，俯下身去，以手按住雙乳往內壓，夾住陰莖，上半身前後移動，幫助陰莖抽送。女生可微微低頭伸舌，讓每次往前頂的龜頭都能磨到舌尖或舌面；也可噘起嘴，每次含一口往前突刺的龜頭。

乳交，叫做「上半身性交」，但另有個通俗稱謂「珍珠項鍊」，是指被射精在胸口上，斑斑點點，彷彿一條珠圓玉潤的項鍊。挺美麗的稱呼，不是嗎？

調情遊戲

在性愛中，玩一些有調情性質的遊戲，就像在香噴噴的牛排上淋上美味的醬汁，更為爽口。

遊戲本身，也可與上述的味覺刺激結合，有得吃又有得玩，能使口交的取悅度加倍。遊戲與口感搭配的組合有很多，以下數種提供參考，但最重要的是雙方能一起動腦，創造自己的親密遊戲。

●購買一罐鳳梨罐頭（中心挖空的那種），挑出一片鳳梨，將他的陽具從中空的洞穿入。這時陽具尚未勃起，穿過

中洞並不困難。等鳳梨套在陽具後，開始加以挑逗，讓它充血脹大。等一「舉」驚人，撐斷了鳳梨肉，保證雙方哈哈大笑。

也可以使用培果，將陰莖穿入中央的孔洞。你則開始一口一口咬食，吃的時候故意以舌頭舔觸他的性器官。

●道具是一只白色的紙製餐盤，在圓盤中央挖個洞，直徑約7公分。他將陽具、睪丸從洞口穿過，擱置在盤中。

此時，將已煮熟而且擱在一旁、溫度已經不燙的義大利麵散布於盤中，勿覆蓋陽具與陰囊，並澆淋些許肉醬。

陽具露餡，像極了一條香腸，睪丸也成了義大利麵的那兩粒「肉丸」（meat ball）。

你將嘴湊近，一條條吸食麵條，偶爾以舌頭含一下陰莖，或以牙齒輕咬那兩粒假肉丸子，準會讓他有「命根子受威脅」的驚恐錯覺，增加性的刺激感。

這套玩法很適宜將男性綁捆，而有束手就「擒」——擒去被吃的刺激感。

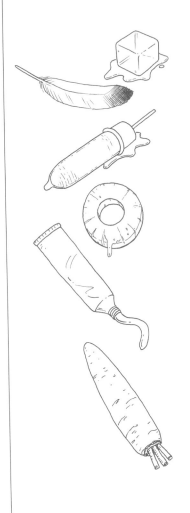

●雙方各持一根香蕉，剝開後，開始以牙齒、唇舌雕塑蕉肉，看誰的嘴上功夫厲害，能把香蕉雕得最像龜頭。

●男生將一根小黃瓜夾在大腿之間，你趴下頭去，含住那條小黃瓜做吞吐狀，十分撩人。或者為了更逼真，可安排他穿著褲子，將拉鍊拉開，小黃瓜從褲口冒出，彷若是一根陰莖。
關鍵在於口交到一個段落時，你冷不防地狠狠喀嚓一口將小黃瓜的頭咬斷，在嘴中咬嚼有聲。此舉，大概會讓所有男性心口一驚，腎上腺素大量分泌。

●將一顆葡萄藏在身上隱密處（私處、腋窩、肚臍、舌垂、舌底），請對方找出來。找到了，即可吃下去犒賞自己一番。

●拿著一根孔雀毛（其他羽毛亦可），輕輕地在對方敏感的臀部上寫字，由對方猜出答案。若答錯了，你們還可以趁機玩打屁股的遊戲。
孔雀毛按摩，係在七○年代傳入舊金山。因為孔雀毛極其鮮豔，長鬚狀又格外柔軟，在人體上輕拂，感覺肌膚的每個細胞都癢了。

●男人喜歡女性對他的小弟弟說悄悄話，一副背著他偷情狀，最容易讓他吃點無傷大雅的醋，而慾望倍增。

●在對方接近私處的小腹上，以舌尖寫阿拉伯數字或英文字母，對方若猜對了有獎──多吸兩口！因為小腹面積較寬，也相當敏感。

●多給彼此身體歷險的機會。譬如，來玩一場「身體的捉迷藏」遊戲吧，在兩人的身體上互相探索，然後對不同的部位定出「高潮的分數」，譬如當對方一路摸到、舔到你的耳垂、乳房、奶頭、小腹、大腿內側、陰核、陰囊等處時，你分別給出幾分的爽度。

不妨事前準備好寫著從10分到0分不等的牌子，由你這位主考官根據高潮的程度舉牌，增加樂子（希望你的0分牌永遠用不到）。

●英國著名雜誌《SKY》，每一期都有個小專欄叫做「當月體位」，乍看只是兩個男女的頭顱，身體以下則是密密麻麻一堆有號碼的黑點，不知啥玩意。原來這是以連連看的遊戲方式，照著號碼次序的黑點，逐一勾畫，便會慢慢畫出一對男女的做愛體位。當答案漸漸揭曉，不禁莞爾呢。

不必藉助黑點，你們何不妨直接就來畫自己的「當天體位」呢？畫完後，今晚就開始實踐。

善用道具

改變口腔溫度

在正常狀態下，口腔的溫度差不多就是體溫，熱而潮濕。不過，若刻意地提高或降低口中溫度，將為性器官帶來更多的刺激。

試想一下這個感受，如果陰莖讓一張彷彿冰窖的涼颼颼嘴巴含住，或陰核被熱呼呼的舌頭舔弄，感覺一定很來勁吧？男性可能一陣嘰哈抖擻，女性可能一陣酥麻融化，都獲得額外的銷魂。

改變口腔溫度的方法很簡單，在口交前含入一顆冰塊，或喝幾口熱開水（茶、咖啡），自然就能吐氣如霜、呼息潯

熱了，這時將口含性器官（或女性敏感的乳頭），便多了冷、熱的刺激感。

更直接的玩法是，先將一粒小冰塊含在口中，再把對方的性器官一起含入嘴中，而你的舌頭一邊輕輕攪動冰塊，一邊又摩擦性器官表層，冰得更過癮。還有，像是沾一些些牙膏，微量塗抹在陰囊或奶頭，也能透進涼意。

或是將一小口熱水、茶、咖啡（溫度務必適中）含在口中，然後再含進器官，讓水的溫度滋潤到敏感的性器官表面肌膚。

還有一途，事先嚼食有強烈薄荷口味的口香糖、喉糖、糖果，一樣有妙效。清涼的芳香氣味能使你齒畔留香，呼吸通暢，感覺分外舒適，也讓對方聞之愉悅。薄荷的特殊涼意會藉著口交，滲透到對方的性感帶、性器官中，引起奇妙騷動。

毛巾也是好幫手。將毛巾浸在溫水或冰水中，撈起擰乾後，裹住性器官，滋味奇特，值得嘗試。

還有一種方法更直接，讓冷、熱自行登場。

冷效果：手持一顆冰塊，直接觸碰對方的性感帶，或讓融解的水珠滴落在奶頭、肚臍、大腿內側、小腹、性器官上，將其身體性感帶部位的神經催化起來，這時再進行口交的話，感受會更加敏銳。

熱效果：準備一杯溫度恰到好處（絕勿過燙）的茶，將茶包撈起，在空氣中晃一晃，讓溫度略涼，然後趁熱度猶在時，把茶包貼近方的性器官。

假若現場無法提供冷或熱效果的道具，現成的方法就是動用自己的嘴巴。譬如，在對方的性器官上哈幾口熱氣（注意，是哈氣，而非吹氣）。

如對象是男士時，可以張開嘴將他整個陰囊以雙唇罩住，然後從體內哈出陣陣氣，熱度將滲透到陰囊，對方極

可能感覺麻癢而奇妙。

　　還有一招，就是舔他的陰囊，讓表皮沾滿了唾液，這時輕輕向陰囊吹氣，水分蒸發會冷卻表皮溫度，不少男人喜歡這種類似被指尖搔癢的奇妙滋味。

　　如果用在女性身上，只可對著外陰部吹氣。絕對禁止向陰部內吹氣，尤其是孕婦，不然有可能對胎兒與母體造成危險。

情趣用品來助陣

　　為女性口交的同時，可搭配假陽具、按摩棒，插入陰道、震動陰核，以及用肛門栓插入其肛門。

　　為男性口交時，也一樣可用按摩棒震動龜頭、陰囊、會陰、股溝、肛門周邊。若他的觀念比較開放，亦可插入其肛門助興。

　　自製的情趣用品也有另一番情趣，像是條狀的蔬果，如小黃瓜、蘿蔔、茄子、玉米或苦瓜（表面還有顆粒呢）都適宜作代用假陽具，可套進保險套後，塞入陰部內，提升快感。（若塞入肛門，要小心抓住蔬果末端，以免被肛門吸入）

　　或者，將圓柱型的棒棒冰套進保險套，充當陽具插入陰戶（或男性的肛門），那種渾身發顫的冷滋味，不妨短暫嚐一口。

　　或以羽毛、絲綢、墜穗在皮膚上撩撥，勾起陣陣酥麻鬆軟，萬事俱備後，嘴巴一出場，保證可收服人心。

　　拿家中的雞毛撢子、沒用過的油漆刷子或牙刷，撩在肌膚上，能產生特別的觸電感。

　　觀賞A片，也在情趣用品之列，確是不錯的助興工具。只要男主角的胯下本錢或女主角的大胸脯，不讓你傻到去比較並因此自卑，那麼盡量去觀賞。

info

根據《週刊郵報》報導，日本街頭常可聽見嗡嗡震動聲，不是手機響，而是日本女性的手提包裡，幾乎都放著一根按摩棒。

以往，按摩棒叫做「成人玩具」，還是一種選擇，聽起來可有可無；現在改叫「成人用品」，乃一種日常需要。

「快樂女性」情趣商表示，從前女性郵購產品，都要求把產品標籤撕去，希望從郵包外觀看起來像化妝品。但現在，已很少有顧客提出這種要求。

基於市場的廣大需求，情趣製造商最近推出一款新產品，結合了跳蛋與手機功能。女性將這種跳蛋塞入體內，不僅可24小時攜帶，到處走動，整天保持振奮，還能因跳蛋與手機頻道相通，而不時有額外驚喜。

當手機轉成震動，只要一有來電，就能遙控跳蛋，在體內顫動達十數秒，讓主人「雀躍」不已。

所以，手機號碼千萬不要隨便留給不熟的人。

妙用地物

當過兵的男性都很清楚，善用地形地物是致勝要訣。在性愛中，地物也一樣能提供好處。用途最棒的地物，莫過於浴缸了。

浴缸的邊緣高度，可讓被口交的人坐下，而對方視情況允許，或蹲跪在地面，或跪俯在浴缸內，充分發揮坐姿的功能。

在浴缸中，通常意味著兩人共浴，應多使用沐浴乳造成滑溜效果。如以手指沾著沐浴乳泡泡揉乳頭、摳陰戶、撫陰唇，或搓陰莖、捏陰囊，甚在肛門圈上轉動。

水，加上沐浴乳，比一般潤滑液還更滑手，愛撫起來就是有一股說不出口的爽快。雙手沾滿滑膩的泡泡，在浴缸中互相按摩，類似坊間的油壓，尤能放鬆筋骨。之後，再進入口交狀態，就是生龍猛虎了。

利用浴缸，對有潔癖的人更是福音。有些人因不喜身體的不潔、氣味，或唾液的味道，對口交不甚熱中。但置身浴缸裡，可確定對方的身體洗淨，並且有水可隨時沖洗掉唾液，便能放心口交了。

桌子，這個家具可比你想像得更有色情味道。被口交者假裝在餐桌前正襟危坐，對方則藏身在桌下，有桌巾覆蓋到膝蓋處更佳，可讓口交神不知鬼不覺，好像電影中的偷情情節一般。也可假裝是一張辦公桌，其中一人躲在桌下，跟上半身坐得人模人樣的同事口交調情。

樓梯也是一個不錯的地物。被口交者坐在高階，讓坐於低階的對方更能「便宜行事」。

還有，別忘了洗衣機。當衣服在脫水時，整台機器會震動。這時，不管男生或女生都可坐在洗衣機上，一邊感受臀部傳來的陣陣抖動，一邊享受口交。

「痛快」的
進階玩法

SM 愉 虐 之 戀

根據SM（愉虐戀）的原理，當人體感受到外侵的疼痛時，腦子會產生一種叫做「多巴胺」的化學物質，製造出愉悅來抵抗痛感。而且，痛感能使人的腦子暫時逃避現實世界的煩惱、壓力。

同樣地，如果適度地運用SM原理，也能為口交添加新的刺激。但因性器官和周邊的神經都十分敏感，不宜加諸太強烈的痛感，否則反而會過猶不及，把性慾逼退。

第一個最好的下手地點，是位於恥骨上的濃密陰毛。可以在口交前以手指耙梳陰毛，用指尖搔磨陰毛下的皮膚。那兒集中不少能帶動性感的神經叢，但鮮少被人開發。

耙梳陰毛或在恥骨上按摩，是軟性的享受；不過，拉扯陰毛可就不同了，會有一股像被細針刺到的痛感。大把一起抓，跟僅抓一兩根的感覺又完全不同。

第二個最佳的拔毛地點，是會陰到肛門之間，或肛門周邊的體毛。不少男性此處的體毛茂盛，有些女性也有。

第三、四個地點恐怕僅限男性了，就是陰囊上的陰毛、大腿內側的腿毛，抓扯少數幾根，也能製造刺刺的痛感，直抵下體要塞。

許多女性常抱怨性伴侶用牙齒咬她們的陰核，或吸舔得太用力，感覺並不舒服。除非有些女性偏愛重口味，不然不必把「痛感轉換成快感」的腦筋動到陰核上。

使用特別設計的情趣用具，也能製造適當的痛感。如皮鞭、木板、奶頭夾、尖針滾輪等。而家裡可找到的代用品，如長柄的毛刷、乒乓球拍、雞毛撢子等。

拍打時可選臀部、大腿後方、小腿後方等肉多的地帶，

絕對要避開膝蓋、腳踝、脊椎、手關節、小腿骨（前方）等處。

滴蠟燭也是重頭戲，情趣店有售燃點較低的蠟燭，蠟油滴在身上也不會太燙。通常都會以性器官為滴蠟油的落點，刺激分泌腎上腺素，然後口舔其他的性感帶部位，痛與痛快交融為一，豈不妙哉？

注意：如使用一般蠟燭，盡量把蠟燭舉高，使落在身體的距離拉遠，溫度較能忍受。最好同時準備冰塊，如真的燙傷，可立即冰敷。滴蠟油時要避開陰毛或其他毛髮地帶，免得事後清洗困難。

倘若手邊一時無道具，那麼打屁股、用牙齒咬磨、指甲招捏，也能既「痛」且「快」。痛過了，再來個口交補一補，滋味大異其趣。

據說，不少伴侶喜歡來「硬」的，將對方的內褲用力扯破，露出寶貝兒。妳的「維多利亞的秘密」撕了可惜，改天先買件漂亮的地攤貨，好讓他發揮神勇，試試身手！

男人將自己的內衣、背心奮力一扯，破「衣」而出，好像超人脫掉辦公的白襯衫而現身，具有些許暴力刺激，也能使女伴眼睛一亮，小鹿亂撞。

也有人喜歡聽見衣物被撕裂時發出「唰」的清亮聲，還能因此刺激性慾。

綁縛的美學

綁縛（bondage），指在性愛中行動受到限制，乃基於性幻想的一種遊戲，製造無助、降服、束手就擒的感覺。

它不僅是情趣，也發展成一門美學藝術。不過，若一般人把它當情趣手段的話，則不必太講究綑綁手法，只需利用原理，自行發揮。例如不一定需要繩索，隨手可取的領帶、絲襪、毛巾、床單，甚至胸罩、內衣均可。

以道具綑住對方的手（或手腳一起綁），亦可將道具另一端繫住固定物，如床架、床腳，效果更佳。當對方失去行動力後，開始加以「折磨」，如搔癢、摳弄、舔吻。口交的重點就落在對方平常最敏感、最怕癢的部位，逐一突襲。

被綑綁者毫無抵抗能力，或閃躲空間狹小，只能任由擺佈。當身體不得不全面降服，神經感應會變得更靈敏。

綑綁遊戲，因一方會暫無行動力，必須謹慎進行。如有玩到以物塞嘴的動作，更要小心。綑綁時，勿打死結，萬一有突發狀況，對方可自行脫身。

情趣用品中的手銬也是很好的替代品，除了限制行動，又具有警察抓小偷的角色扮演趣味。但這套綁人或銬人的遊戲，只能在有意願的成人之間進行。勿與陌生人或非熟識者玩，以免涉及危險。

假如不確定對方是否喜歡，剛開始時，可抓住其雙手，限制其行動，一邊加以挑逗「襲擊」，淺嚐即止。如實驗成功，確認雙方都喜歡這種情調，便可來真的——使用道具、大玩綑綁。

第 7 章

好口愛施行準則

貼心、專心、
留心，好窩心

讚美，最棒的春藥

在口交親熱時，適時適度地讚美對方，更能促進其春心蕩漾。聽覺是一條直通下體之捷徑。討好了耳朵，自然就討好了下體。

例如，此時可一邊口交，一邊讚賞對方：「我最愛看你現在的樣子，好性感！」或「你摸起來好舒服。」

這種讚美也能澤及性器官，一樣會使對方愉悅，而越來越帶勁。譬如：「你這裡好漂亮！」、「我好喜歡妳的美麗陰戶。」、「你的弟弟長得真俏，好英勇喔！」

「可愛」一詞，最好不要隨便用來稱讚男性器官，有些男人的內心很敏感。

多提對方的名字

如果你能克服障礙，不當悶葫蘆，那麼根據人性共同的心理，多在口交時的呻吟中，加入對方的名字或綽號、小名，或是兩人親熱時慣用的代號，那會讓對方很動心。

例如：「喔，就是這樣，ＸＸ，你作得好棒喔！」、「ＸＸ，我好愛你，你真行！」

即時給予鼓勵

如果是認真地投入口交動作，一般而言，超過十五分鐘，嘴巴、臉頰就會開始有點酸了。口交雖是樂事，但不是每個人都懂得掌握技巧、知道怎樣偷閒休息，或技術性地省力。

因此，享受口交的人要適時鼓勵對方，如發出舒爽的呻

吟、講幾句適宜當時情境的貼心話，讓賣力口交的人有成就感，軍心大振。或者，伸手愛撫對方的頭部、臉部，表示感激與在乎。

畢竟，口交者不是把頭埋在下面「獨自深入蠻荒」，而遠在上頭享受的人亦絕非一副「西線無戰事」的模樣，應抱著勞軍的精神，隨時加以體恤與鼓勵。

專 心 至 上

口交時，大多數人都喜歡被當作貴賓款待，千萬不要心有旁鶩，譬如一邊看電視，一邊含個兩三口，意思意思。

除非你們是在看電視的當兒，被劇情牽動，一時忍不住勾動天雷地火。但無論怎樣起的頭，只要來得及，最好還是把電視關掉，免得分神。

看手錶的動作也很差勁，似乎透露內心的不耐煩（怎麼這麼久還不出來啊？）。

香 水 禮 儀

在西方社會，「灑不灑香水」已經是一門社交禮儀，因為要尊重一起出席公共場所其他人的嗅覺。很多聚會的邀請單上，都會註明「謝絕香水」。

不要過度使用香水（或古龍水一類），更勿灑在性器官上，會使口交變得嗆鼻。有時，還會引起對方過敏，而破壞了情調。

更不要在私處或陰毛上灑爽身粉，以為會乾爽宜人。爽身粉一碰上汗水或口水，就變得糊糊一團，很煞風景。嚐起來的味道，也挺難下嚥。

其實，一副沐浴乾淨的身體，私處本身的氣味就是最自然的春藥了。

善 後 禮 儀

如果雙方以口交達到高潮後，嘴巴與臉頰大概都已布滿唾液、體液，黏黏濕濕，甚至有股異味。

很多伴侶在高潮後，喜歡互相擁抱，安心享受這場肉搏戰之後的擦拭休兵狀態，不時親個嘴，表達愛意。所以，當你預知這個時刻將到來，請記得在一旁備妥乾毛巾或濕紙巾，將嘴巴與臉頰的體液、唾液與汗液擦乾。

這樣口對口的愛撫、臉碰臉的廝磨才會舒適，而不至黏膩，異味燻人。

凡 走 過 的 ， 必 留 痕 跡 ？

這句俗諺耳熟能詳，但用在口交上，倒未必適切。不要將唇印留在對方身上或衣服（如衣領），除非對方要求，或不介意你這麼做，否則現代人的口交禮節，就是「between you and me」。

唇印，包括口紅印，以及種草莓。

其 實 你 不 懂 我 的 心 ？

不要做錯誤的假設，以為對方都知道你的心意或感受，例如「他（她）一定知道舔我哪裡」或「他（她）一定知道怎樣口交才會讓我舒服」等。

每個人享受的口交方式都不同，有人喜歡輕柔地舔，有人喜歡重口味；有人喜歡集中在性器官，有人喜歡涵蓋性器官周邊的廣泛區域。所以，不要先預設立場，覺得對方「應該」知道我要什麼？

適度地讓對方知曉你的感受很重要，譬如舔到你最愉悅的某部位，或舔的方式挑起最多的舒服，這時就要盡量以肢體語言表達出來，如呻吟、身體抽緊、扭擺或刻意迎合，甚至可以出聲，用話語明確鼓勵對方，如「用力一

點」、「快一點」、「慢一點」、「對，就是那裡！」、
「對，就是那樣！」。

不然，如果雙方關係親密，臨親熱前或事後也可以互相
溝通。

尤其像是觸摸對方的G點（男女均有）時，因為隱匿在體
內深處，無法目視，就要依靠溝通、指點，才能得知「那
隻金手指是否點對了地方」。

有些男性基於自尊、女性基於害臊，不敢向對方表明自
己性慾上的偏好，那麼恐怕就只配享受爛品質的口交，而
不能抱怨了。

尤其是女性在做愛時，總認定對方應該知道她身上的性
感帶，但他只是妳做愛的對象，未必是妳「靈魂的知己」。
妳必須用言語、行動、手勢，直接或間接地讓對方知曉。

因為男人從未聽見女生抱怨過「沒爽到」（女生心地多寬
厚啊），所以他一直以為自己做的都是「正中下懷」，自然
每次都按表操課。除非女生指引怎樣討好她的身體，他才
有可能改變。

也許這句俗語不太中聽，但頗有幾分道理，「沒有糟糕
的狗，只有糟糕的狗主人」。延伸這句話，也可解讀為「沒
有糟糕的口交，只有糟糕的口交溝通方式」。如果你感覺對
方的口交不甚了了，不見得都是人家的問題，很有可能是
你沒有掌握給予明示、暗示的技巧。

默契、留意，才是最好的遊戲規則

口交之前，能夠事前溝通最好，雙方可定下規則，比方
伸出右食指，表示希望對方身體往右靠；伸出左食指，表
示希望往左靠；或舉起拇指，表示「這樣剛好，別動」；
或以其他手勢表示「加快」、「放慢」；或在快射精前，以
輕拍對方手背、肩膀暗示，讓對方有時間抽「口」而出。

倘若雙方能這樣約定,當然不錯,必能提高效率;但在現實中,口交雙方很少能做到這麼制式化,會覺得太像在談公事,把一場明明是浪漫激情的性愛,搞得彷彿在指揮交通!

既然並非每一次,或每個對象都有機會事前溝通,那一旦口交時,一方的嘴巴有得忙,甚至被塞滿,無法言說,就必須使用共通的肢體語言:如呻吟聲加劇、身體明顯往哪一邊挪動、臀部迎合或退縮等。

總之,好品質的口交,不能自己「埋頭苦幹」,必須隨時留意對方的反應,才能適時給予刺激與滿足而皆大歡喜。

不 做 對 方 反 感 的 小 動 作

女性最反感的一個動作,就是男性在希望她口交時,用手將她的頭往下推。

很多女性表示,輕推或許還能接受,但若是鍥而不捨般的重推,明明她本來還很願意,這一推心情便走樣了。因為被用力或持續推頭的滋味,感覺很不受尊重。

我的一位女性讀者比喻得妙:

我的男友每次跟我親熱到一個程度,就會企圖把我往他的下體方向推,我當然明白他的意思。但推什麼推啊?我又不是不知道他的陽具長在哪裡?感覺真討厭!

不 該 提 起 的 話 題

甜言蜜語固然有助於口交的樂趣,但有些話就是不該在這種關頭提起,以免像在熱炭上澆水,滋滋兩聲,慾火就滅了。例如:

●不要談到掛心的問題,如跟金錢、工作、健康(或上一

頓還沒吵完的架）有關的話題。

●不要用負面的方式說話，那樣很洩氣，應多採取正面方
式鼓勵。與其說「你幹嘛不多吸那兒幾下？」，不如說
「喔，我真希望你再多吸幾下。」

●不要批評對方或自己的身材，有時連透露些許訊息都可
能造成殺傷力，像是「你最近好像長胖了一些」。即使向
對方說「我真希望自己的小腹能小一些」也應避免，假
如你連自己都嫌，那不就暗示對方「不挑吃」嗎？

●不要問對方「我是不是你愛人中技術最棒的一位？」
唉，不少男生就是這麼白目，會問出這種「答是也不
好，答不是也不好」的問題。

●不要問女生「妳到了嗎」、「妳好了嗎」、「OK了嗎」等
問題。因為女性高潮不像男性高潮來得快，如果你這樣
問，或許是關心，但聽起來有點像是在催促。

●不要說「你如果真愛我，就一定會為我口交」這類的
話，或者拿別人的例子，如「人家某某的男友（女友）
都有替他口交，你不為我口交，到底心裡有沒有我？」
有些人對口交無法投入，只是單純的畏懼、擔憂，被自
己的成見所困，未必與「愛不愛」相關。一旦出現這種
嚴重指控，雙方的床戲大概也唱不下去了。

精液，吞？或不吞？
　　口交的對象如果是男性，與對象是女性最大的不同，即
多了一項噴出精液的射精動作。這時，可能會出現一個議

題：讓不讓對方在口中射精？萬一射在口中，到底吞不吞下精液？

有些人拒絕的理由，是為了顧慮安全性，避免讓對方把精液射在嘴裡，更絕無可能吞嚥。

也有些人是因為把「讓對方在口中射精」、「為對方吞下精液」當成一個重要象徵；也等於說，「我們倆可以有口交的行為，但把精液射在嘴裡或吞下，則另當別論」。因為，在這些人的心目中，射精在口中與吞下精液兩項動作，代表「我們真的關係匪淺」，除非兩人關係進展到自己認可的地步，否則不會為對方這麼做。

很多男性為了顯示紳士風度，會在射精前出聲表示，諸如「快出來了」，讓對方能及時反應。但也有些男士不會這麼做，或來不及做。這樣，就要格外留意他射精前所顯現的肢體語言了（男性射精前的肢體反應，請參見男性技巧篇，P123）。不然，出現氣急敗壞的場面，雙方都難堪。

如你不想被射在口裡，眼見他瀕臨高潮，抓準時機，將陰莖從口中抽出，改以手交，直到對方射精。

另有些人僅堅持「半套」，容許對方在嘴巴中射精，但會將精液吐出，不往肚子裡吞。

當對方的精液射在口中時，即便你不是很樂意，仍勿做出噁心或厭惡的表情，更不要急忙地衝進浴室吐掉。試想，那樣的動作對誰都不舒服。

吐精，是一門藝術。男士們未必在乎對方把自己的精液從口中吐出，但很少人會享受這個畫面。所以，親熱前若能在手邊準備一條毛巾、手帕或衛生紙，待對方射精後，悄悄地拿起預備的紙巾湊近嘴邊，一吐即可。這個動作可以做到不引起對方注意，毫不影響氣氛。

有些男性喜歡在瀕臨高潮時，急忙從對方嘴中抽出陰莖，將精液射在對方臉上、胸口、小腹、陰阜，妳應有心

理準備。（男性喜歡射精在女性臉龐的心理，頗值得玩味。）

這一招，也可當成女性的緩兵之計。如果妳不喜歡他射在口中，與其明著講，讓對方多少心裡嘀咕，不如改說「我喜歡看你射在我胸前的樣子」。

精液，可指定味道？

在維持固定伴侶，或雙方有信賴關係的情況下，有些人確實會「吞下對方的精液」，甚至把這個舉動當作一種表白，傳達重視對方之意。

同時，為數不少的男性有一種心理，喜歡射精在對方口中，並樂見對方吞下精液。

但每個男人的精液氣味與味道不盡相同，而每個人對它們的感受也不一樣，有的甘之如飴，有的覺得差強人意，有的嫌之腥澀。

精液的確具有氣味，是人體氣味中最特殊、濃烈的一種。有些人說精液聞起來像漂白水，有人說像清潔劑或是泳池裡的水。其主要成分包括了精子、睪丸液、附睪液、附性腺分泌液、前列腺液，而前列腺液中有精胺的成分，精液的味道就是從此而來。所以精液有氣味乃十分正常，表示前列腺的功能健全。

一般來說，精液就像汗水、唾液、尿液，以及身體所有的排泄物質一樣，都是「你吃了什麼，就變成什麼味道」，因此精液的味道與男性的生活、飲食習慣有密切關係。

有人因此好奇，精液的味道可不可能改善呢？

吃多了鹼性食物，如肉類、魚類，會使精液味道變得較苦、較有腥味。其他如喝酒（這個原因占最大比例）、喝有咖啡因的飲料、抽煙，都會造成精液的苦味。

如果實在非喝點酒助興，那麼喝啤酒和日本清酒，較不

會影響精液的味道。

此外，多吃帶甜份的水果，精液的味道較清淡。素食主義者的精液，就比一般人略甜。

以下的原則，不僅用於男性，也適用於女性，一樣會影響其體液的味道。

●改善精液味道的食物：鳳梨、芒果、蘋果、葡萄、奇異果、葡萄柚、小紅莓、萊姆、香菜（荷蘭芹）、小麥草、肉桂、小豆蔻、薄荷、檸檬都是不錯的選擇。多喝水也有幫助。

●影響精液味道的食物：肉、魚、酒、大蒜、洋蔥、咖哩等辛辣物最好少碰，花椰菜、甘藍菜、芥蘭菜也不宜。據很多人的經驗，吃了蘆筍之後，精液的味道尤其不好消受。

看了上述洋洋灑灑的諸多清單，也許有人會懷疑不是要口交做愛，而是在推廣「新生活運動」？不過，這些飲食建議倒不見得要你長期改變吃食的習慣，只是食物的消化起碼需要12小時至24小時，因此如欲有親熱行為，至少要注意當日的飲食。

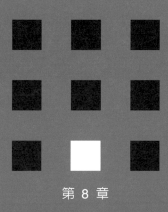

第 8 章

健康第一 安全至上

不要「挺」
而走險

　　現代人重視安全性行為，在一般狀況下，都養成戴保險套進行性交，以策安全。但到了口交時，絕大多數人都是肉搏戰，省卻了那「薄薄的一層」。

　　大多數人「挺」而走險，心頭最大的疑惑便是：到底口交的安全性如何？有沒有感染HIV病毒或性病的危險？

愛滋病／HIV病毒

　　「口交會不會感染HIV病毒？」長久以來，這問題一直是塊灰色地帶。即使在專家的說法中，也從未用過「絕對安全」或「百分之百危險」這類肯定的字眼。到目前為止，口交之安全性的公認意見是「不是沒有可能感染HIV病毒，但機率很低」。

　　2002年六月，西班牙針對135位異性戀者（其伴侶均為帶原者）進行研究，發現在一共一萬九千次的不戴套口交中，無人感染HIV病毒。

　　2004年底，加州大學愛滋防治中心發表一份研究報告，顯示因口交而感染愛滋病的比率為零。

　　這項調查選定四百位男同性戀者、雙性戀者，其中有的伴侶是帶原者。他們與伴侶只從事口交行為（直接以嘴巴與伴侶的性器官接觸），而無其他性行為。當中某些人就算除了伴侶外，還有其他性關係，當發生口交時，也都戴著保險套（即指排除在外頭感染的機會）。結果研究顯示，這些人都沒因此感染HIV病毒。

　　研究者指出，這是因為人體唾液所提供的環境，正好不利於HIV病毒生長。唾液裡的確查有愛滋病毒，但通常微量到不足以造成感染。

根據科學家研究，唾液有一種叫做「分泌性白細胞抑制蛋白酶」的蛋白質，可抑制愛滋病毒侵入人體的免疫細胞。因此，一般性接吻、共餐、咳嗽、打噴嚏，都不會感染HIV病毒。

儘管以上兩項研究結論的HIV感染率為零，但研究者也聲稱，這並不代表口交絕無感染病毒之可能。

加州「Kaiser Permanente」醫學機構的HIV政策領導人表示，僅有極少數的例子是從口交中感染HIV病毒，例如患有牙齦疾病者，從事口交就可能會感染病毒。

HIV病毒存在於精液與體液中，因此很多人在口交時，會避免讓對方射精在口裡。但也有人擔心，儘管避開精液，但射精前馬眼會分泌一種水狀的液體，在口交中不斷被吞嚥，不知道有沒有危險？

這種液體英文俗稱「precome」，HIV病毒也會存在其中，但因它而感染HIV病毒的機率相當低。

經由口交感染的性病

經由口交感染梅毒、淋病、泡疹、尖銳濕疣（又稱生殖器疣，俗稱菜花）等性病的機率很高。也就是說，如果你跟染有性病的對象發生口交行為，就很有可能染上性病。

這些性病的症狀不一，但一般而言，假如你看見對方的陰莖分泌膿體、陰部長瘡、性器官發出奇怪的氣味，就該避免與對方發生口交行為。

梅 毒

梅毒，係經由梅毒螺旋體引起的一種慢性傳染病。潛伏期約三週，主要病徵為早期多在生殖器部位發生疳瘡，晚期侵犯全身各器官，並生多種多樣的症狀。當梅毒入侵人體，通常在皮膚或黏膜破損處形成原發性病灶。

一期梅毒：三週潛伏期，在外生殖器上發生硬性潰瘍。皮膚表面生出圓形或橢圓形浸潤性斑塊，糜爛，有滲出現象。不痛，此時有極大的傳染性。

二期梅毒：在硬性下疳發作後未做徹底治療（4～12週後），出現皮膚、黏膜發疹。軀幹、四肢廣泛性對稱分布的梅毒性薔薇疹。

梅毒也可完全無臨床症狀，只能靠血清檢驗證實其存在，這種潛伏狀態即所謂「隱性梅毒」。

淋病

淋病為泌尿系統化膿性的感染。常侵犯柱狀上皮細胞，如尿道、子宮頸管及直腸黏膜等，可擴及眼睛、咽喉、直腸和盆腔。

潛伏期通常是2～10天，平均5天。病菌離開身體後，可用高溫、乾燥或消毒殺死。

約八成患者在數天內，甚至數月內沒有任何症狀；因此，一般人都不知道已染上淋病，無意中便傳染給他人。

女性方面，可能察覺的症狀包括：濃濁有異味的陰道分泌物、排尿時感疼痛、腹部疼痛，以及不規則的經期。

男性方面，則是性交後3～5天分泌物有異味、排尿時會灼痛、睪丸腫脹和痛楚。

尖銳濕疣

尖銳濕疣，一個或多個無痛、柔軟的肉瘤生長物，可能扁平或凸起，在臨床表現上，多為尖刺狀，且表面潮濕。通常在病發一至兩個月後出現，但潛伏期可長達九個月。

女性可能出現在陰唇、陰蒂、陰道內或肛門周圍；男性可能出現在陰莖、龜頭冠部、繫帶、包皮、陰囊、尿道或肛門周圍。

泡疹

這種生殖器泡疹病毒存在於病患的皮膚、黏膜分泌物、唾液和排泄物中，傳染性非常高。男性多出現在龜頭、陰莖、尿道口、陰囊、大腿和臀部。女性多出現在陰唇、外陰部。

患者開始發病時會有發癢、燒灼、刺痛感，隨即出現小紅丘疹，迅速形成小水泡，多個成群水泡可能演變為膿包。數天後水泡破潰，出現糜爛或潰瘍，然後結痂。

必備的性安全知識

- ●假如想要「絕對」安全，可在口交時採取防範措施，如男性戴上保險套，市面上有出售有水果香味的保險套或潤滑液，以增進口感；女性則用牙科使用的阻隔膜，即 dental dam。阻隔膜若不便取得，將一般家庭用的保鮮膜罩在陰戶上，亦可代替。

- ●為了安全，又不願太煞風景，也可以只把保險套置於龜頭部分，用以阻隔會流出分泌物的馬眼。

- ●對男性伴侶有疑慮時，不妨考慮半套口交──只舔陰莖柱、陰囊，而避開龜頭。

- ●舔肛，感染HIV的機率低，但有機會染上性病、A或B型肝炎、寄生蟲等疾病。

- ●若無保護措施，不宜將舔肛與舔陰道混合。

- ●當陽具、情趣用具插入肛門後，必須先更換保險套，才能插入陰道。這樣才可避免直腸內的細菌進入陰道，造成感染。

- ●在口交前24小時內，避免使用牙線；口交前一小時，避免刷牙，以防造成牙齦出血。必要時，為了口腔衛生、維持口氣芳香與消除氣味，可以用漱口劑。

- ●在不確定對方健康的狀況下，宜避免讓對方射精在口

中，或至少吐出，勿吞下。

●如果有牙齦出血、牙齦疾病，或口腔內有傷口者，進行口交受感染的機率便相對提高。

●檢驗性病的方式簡易，而且有相當控制的療效，千萬勿諱疾忌醫。

●享受口交之餘，養成習慣經常做健康檢驗，包括咽喉檢驗（淋病）、直腸與尿液檢驗（淋病、衣原體）、血液檢驗（梅毒、泡疹、HIV病毒）。

●一般而言，為女性口交感染HIV的機率低；但女性若有性病，則容易透過經血、不正常的陰道分泌物傳染。

●一般女性的陰道若有異味，常是因為細菌感染陰道炎（簡稱BV），在治癒以前，應避免被口交的機會。

●通常穿著白色棉布的內褲，比起合成纖維質料的內褲更能通風，可防止潮濕所造成的氣味。

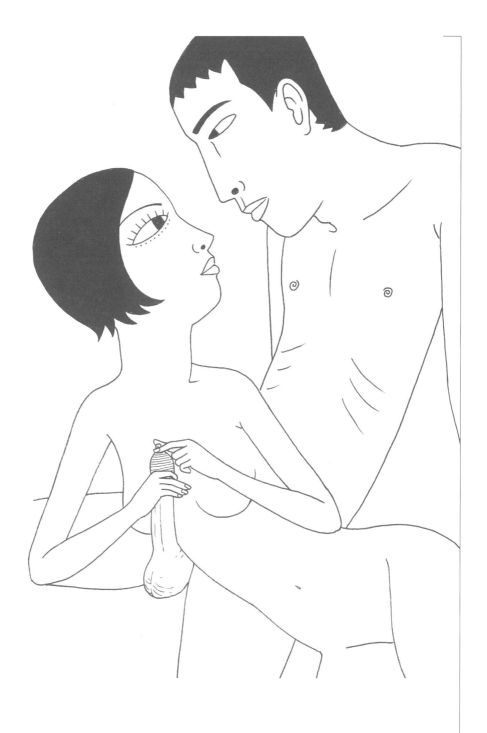

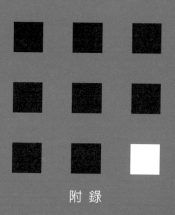

附　錄

網路盛行，使性的資訊流通與討論風氣變得熱絡，口交當然也跟著水漲船高，甚至百花齊放。

即便像耶魯大學的校園報這麼正經的網站（http://www.yaledailynews.com/），也出現了口交的話題，例如一位女性專欄作家還大方地討論女為男口交時，該不該把精液吞下去？

其他，如打著「吹喇叭大學」（Fellatio University）旗幟的網站，分門別類傳授為男性口交的技巧。（http://www.fellatiouniversity.com/）

還有一個「口交星球」（Blowjob Planet）網站（http://www.blowjobplanet.com/）以五大洲為單位，同步計數全球各地發生口交的次數。那些數字就像開車上高速公路的里程表，閃動不停地跑，想像每一秒鐘有那麼多人在做那件事，世界好不忙碌哪！

目前，亞洲以3400多萬次口交領先美洲、歐洲、非洲，居世界之冠。在那張全球地圖中，僅有五個城市雀屏中選為「口交最熱烈之點」（hot spot），即洛杉磯、里約、阿姆斯特丹、斯德哥爾摩、普吉島。

在大型笑話網站裡，也專門開闢所謂「口交禮節」單元，區分做男、女兩個版本，以辛辣嘲諷筆調，反映出兩性對口交的不同心態，頗能讓人心領神會，莞爾一笑。

例如女生版：

先說好，幫你吹喇叭不是老娘的職責，除非我自願。

所以，萬一你撈到一次口交，最好心存感激。

我可不管A片裡怎麼演，你就是不准噴在我臉上。

別想！我不嚥下去。

我的耳朵可不是你的把手。

我不在乎你多放鬆，但別給我放屁。

我不想在你一邊看電視時幫你吹。

　　接著，比對男生版的心態：

對，這就是妳的職責，如果妳不願意，我們（我和我的小弟弟）會找到樂意的人。

如果妳嚥下去，就不用擔心我噴在妳臉上了嘛。

順便玩一玩睪丸。

還有屁股也別忘了，我們喜歡。

不管妳自認口交功夫多棒，我們都曾有更好的經驗。

至少，老二不會在妳嘴巴有突然出血的危險吧（暗喻女性經期出血）。

　　以口交為主題的色情網站更是不計其數，主要有兩大類觀眾，一是異性戀男性（畫面為女性），二是同性戀男性（畫面為男性），甚至形成一個生態繁複的分眾市場，細分不同的口交族群，提供相關素材各投所好。

　　其分類包括：

●以重點畫面區分，如「射精在臉上」、「吞精」、「深喉嚨」、「那話兒太大而引起反嘔」、「強迫式口交」、「口交特寫」、「多P口交」。

●以場地區分，如「野外口交」、「公共場所口交」、「車內口交」、「辦公室口交」、「教室口交」、「後巷口交」。

●以人種區分，如「白人口交」、「拉丁人口交」、「亞洲人口交」、「不同膚色組合口交」。

●以髮色區分，如「金髮妹口交」、「紅髮妹口交」、「黑髮妹口交」。

●以身分區分，如「業餘口交」、「家庭主婦口交」、「鄰家女孩口交」、「青少女口交」等類別，口交儼然變成了商品琳瑯滿目的大賣場。

推薦網站

●SexInfo101─

http://www.sexinfo101.com/pm_fellatio.shtml

●College Sex Advice/ 10 worse blowjob mistakes─

http://www.collegesexadvice.com/blowjob-mistakes.shtml（網站列出十項最容易犯的口交毛病：磨到牙齒、速度太快、吸得太用力、擠碰到他的蛋蛋、反嘔、保持不變姿勢、力道不足、射精在口裡、嘴巴乾燥、將陰莖握得死緊。）

●Tiny Nibbles Open Source Sex─

http://www.tinynibbles.com/fellmain.html

●The Art of Oral Sex（收錄一般人士撰寫的口交經驗）─

http://www.stacken.kth.se/~virgin/sex/oralindex.html

● # 1 Cunnilingus Tips（為女性口交之技巧傳授）─

http://www.onlinesexguides.com/f_index.html

●《印度愛經》口交類大全─

http://www.spaceandmotion.com/kama-sutra-fellatio.htm

●Holistic Wisdom Inc.─

http://www.holisticwisdom.com/blow-job.htm

●Babeland─

http://www.babeland.com/fellatio.html（著名的情趣商店網站，專門介紹口交相關產品。）

●Oral Sex Joke─

http://yuksrus.com/oralsex.html（口交笑話網站）

推薦影片

● 《性愛搖滾樂》（9 Songs），2004年，英國

導演麥克‧溫特波頓（Michael Winterbotton）以極端的方式，純粹以「性」直率而私密的探討男女關係。2005年，該片在坎城影展上放映，引起極大反應。

有人認為此片與A片無異，被稱作「史上尺度最大膽的英國主流電影」。坎城主辦單位也只敢將之安排在「觀摩單元」放映。

開幕時，一下子進入臉紅心跳、面紅耳赤的經驗堪稱一絕。裡面有男人的棒子和女人的裂縫，總之，露骨之至，真叫人瞠目結舌。

男女主角在窗邊纏綿、在浴缸中胴體翻騰，在潔白的床單上享受虐戀，慾火燒到最高點。在這旅館中，兩人完成了此情此愛的最後一個狂熱句點。

那年夏季，每一首歌翩然而至，象徵一個個高潮，high到極點。

女主角清晨醒來，在床上為男主角吹喇吧，那根愛莖從軟垂一路吹成號角大響，並噴灑出正統電影中極少見的美妙汁液，此幕戲最值一看。

（網站：http:www.tiscali.co.uk/9songs）

● 《羅曼史》（Romance），1999年，英國

英國小學女教師瑪麗與俊美男模結婚，兩人僅保有純純的愛，而無肉慾。她不得不在外頭與其他男子洩慾。瑪麗雖與丈夫同床，卻僅能夾緊雙腿自制。在激情難忍之下，她楚楚可憐地硬把丈夫翻身，從睡褲中掏出那令人不知是愛，或該是恨的傢伙，低頭為之口交，此一詭異的畫面又冷靜又激烈。

這是女導演凱瑟琳·布蕾雅（Catherine Breillat）的作品，她在2004年推出的《感官解析》（Anatomie de l'enfer），從頭到尾在描述一段有慾無情，又似有情（一名男同志與一名心碎女子）的邂逅關係，做愛頻仍，也值得一看。有意思的是，導演在這兩部電影中，都邀請A片天王洛可（Rocco Siffredi）擔綱，那幾幕十分火辣的陰莖堅挺特寫，極具說服力。

●《羅馬帝國豔情史》（Caligula），1979年，義大利

敘述羅馬帝國最荒淫、最殘暴的君主加里古拉奪權的一頁史實。義大利著名導演丁度·巴拉斯（Tinto Brass）執導，由色情出版商Penthouse贊助，片中充斥著後宮的荒誕性行為，有令人瞠目結舌的百人大戰、亂倫、甚至馬戲團般的「性愛特技」。諸多口交畫面，在片中尤其惹眼，女演員們個個闊嘴吃四方，豔情四溢，比啃甘蔗還多汁過癮。

●《過錯》（Fallo！）又譯《激情假期》，2003，義大利

以假日為主題，講述六個小故事，同樣是丁度·巴拉斯的作品，幾乎將他的所有豔星一網打盡。他對女性肉慾的渴望有很深的著墨。口交部分的戲，也宛如在大舍巧克力甜筒，極為可口。

推薦ＤＶＤ

《Nina Hartley's Definitive Guide to Oral Sex》（Nina Hartley口交指南限定版），Adam & Eve發行, 1994

《Nina Hartley's Advance Guide to Oral Sex》（Nina Hartley口交指南進階版），Adam & Eve發行, 1998

推薦閱讀

● 《The Ultimate Guide to Oral Sex: How to Give a Man Mind-Blowing Pleasure》（讓男人銷魂的口交絕技）Jane Merrill著，Sourcebooks出版，2005

● 《The Low Down on Going Down: How to Give Her Mind-Blowing Oral Sex》（上下其口：讓女人銷魂的口交方法）Marcy Michaels著，Broadway Books出版，2005

● 《Blow Him Away: How to Give Him Mind-Blowing Oral Sex》（賞男人一頓好口交）Marcy Michaels著，Broadway Books出版，2005

● 《Tickle His Pickle: Your Hands-On Guide to Penis Pleasing》（動動手：陰莖享樂手則）Sadie Allison著，Ticklekitty出版，2004

● 《The Ultimate Guide to Fellatio: How to Go Down on a Man and Give Him Mind-Blowing Pleasure》（終極吹簫指南）Violet Blue著，Cleis出版，2002

● 《The Ultimate Guide to Cunnilingus: How to Go Down on a Woman and Give Her Exquisite Pleasure》（終極舔玉指南）Violet Blue著，Cleis出版，2002

● 《Pocket Idiot's Guide to Oral Sex》（白痴口交指南口袋書）Ava Cadell著，ALPHA (Penguin Group)出版，2004

● 《You Want Me to do What? An Illustrated Book on the Joys of Fellatio: Explicit Techniques》（男性口交歡愉指南圖文版）Taylor出版，1999

● 《The Ultimate Kiss: Oral Lovemaking, A Sensual Guide for Couples》（終極之吻：情侶口愛技巧）Jacqueline & Steven Franklin著，Media Press出版，1990

許佑生

作 者 簡 介

性學博士（舊金山「高級性學研究院」The Institute of Advanced Study of Human Sexuality）。紐約理工學院傳播碩士，台大中文系。

曾任報社主編、創意總監，對流行資訊與社會脈動有高度的觀察興趣，近年也在人權運動領域發聲頻繁，並致力於情慾寫作，最新的志業是專攻人類性文化與性心理，以性學的專業角度，推動健康、幽默、大方的性態度。

著有《慾望舊金山》、《跟自己調情》、《聽天使唱歌》、《晚安憂鬱》、《蜜桃》、《紅杏》、《花癡》、《優秀男同志》、《同志共和國》、《男婚男嫁》、《同志族譜》、《當王子遇見王子》、《但愛無妨》、《搞搞紐約》、《紐約調調兒》、《褲襠裡的國王》、《夏娃的棒棒糖》、《最佳單戀得主》、《不倫的早熟少年》、《懸賞浪漫》、《總統大人，請問你穿什麼內褲》、《腦袋去旅行》、《花樣年華》等書。

譯有《男同志性愛聖經》、《性愛聖經》、《好女孩使壞》。

（電子信箱：writershu@hotmail.com）

蔡虫

繪 者 簡 介

高雄人，1970年生，曾出版四格漫畫《寶島先生》、《脫線大逃亡》、《雙瘋－岳丙與馬廉》一二冊。

（部落格網址：http://tw.myblog.yahoo.com/ek121438027/）

note

國家圖書館出版品預行編目資料

□愛：Joy of Oral Sex / 許佑生作；蔡虫繪. --初版. -- 臺北市：大辣出版：
大塊文化發行, 2006〔民95〕　面：　公分. --（dala sex：12）
ISBN 978-986-81936-9-7（精裝）1.性　429.1　95015716

not only passion